별지기에게
가장 물어보고 싶은
질문 33

별지기에게 가장 물어보고 싶은 질문 33

초판 1쇄 발행 2022년 12월 20일

지은이 조강욱

펴낸이 양은하
펴낸곳 들메나무 **출판등록** 2012년 5월 31일 제396 – 2012 – 0000101호
주소 (10893) 경기도 파주시 와석순환로 347, 218–1102호
전화 031) 941 – 8640 팩스 031) 624 – 3727
이메일 deulmenamu@naver.com

값 16,000원 ⓒ 조강욱, 2022
ISBN 979 – 11 – 86889 – 30 – 5 03440

- 잘못된 책은 바꿔드립니다.
- 이 책의 전부 또는 일부 내용을 재사용하려면
  사전에 저작권자와 도서출판 들메나무의 동의를 받아야 합니다.

별지기에게

가장 물어보고 싶은

질문 33

조강욱 지음

들메나무

예비 별지기를 위한
밤하늘 여행 가이드북

나는 몇 가지 취미가 있다. 그중 첫 번째는 물론 천체관측이다. 사실 필자가 인생을 걸고 평생 하고 있는 일이기도 하고, 혹자는 "아마추어를 가장한 프로"라고도 하지만, 별 보는 일을 생업으로 삼은 적은 없으니 취미라고 얘기할 수 있을 것이다.

두 번째 취미는 비행기에 대한 관심이다. 비행기 그 자체, 공항에서 놀기, 비행기 탑승 등…. 별이나 비행기나 모두 하늘에 있어서 사랑하는 것이 아닐까? 하지만 항공에 대한 지식 수준은 그저 지적 호기심의 연장일 뿐 천체관측처럼 본격적으로 해본 적은 한 번도 없었다.

얼마 전, 오랫동안 그저 호기심 수준에 머물러 있던 비행기를 더 잘 알고 싶어서 PC용 비행 시뮬레이터(MSFS 2020)와 에어버스 사이드 스틱(실제 비행기 조종석의 핸들 같은 것)도 장만해서 매일 밤 항공기 랜딩에 성공하기 위해 사투를 벌이고 있다.

문제는 비행기에 관심은 많지만 비행기 조종은 처음이라는 것이다. 시뮬레이터 프로그램을 실행하는 것이야 돈만 내면 되지만, 눈앞에 있는 비행기 계기판을 두 눈 뜨고 보면서도 이륙은 고사하고 엔진 시동조차 못 걸고 뭘 어떻게 어디서부터 시작해야 하는지 알 수가 없었다. 머릿속에서는 이미 전 세계 상공을 멋지게 날아다니고 있었는데 말이다.

별동네에 '별하늘지기' 같은 사랑방이 있는 것처럼 비행 시뮬레이터 분야에도 여러 동호회가 있다. 겨우 등업 조건을 채우고서 부푼 기대를 안고 입문용 강좌 글들을 읽어보니, 내 기대와는 다르게 너무나 어려웠다. 글을 올리신 분들은 입문자들을 위해 최대한 쉽게 설명하고 있었음에도 그조차 내 수준보다는 훨씬 높았고, 분명 한국말인데 무슨 얘기인지 이해가 되지 않았다. 무턱대고 기초적인 질문들을 밑도 끝도 없이 게시판에 도배할 수도 없고, 정보를 찾으려 해도 어떤 키워드로 검색을 해야 할지도 막막했다.

그냥 닥치는 대로 게시글과 동영상을 보며 왕초보를 탈출하기 위해 안간힘을 쓰다 보니, 내가 쓰려고 구상 중인 책이 생각났다. 〈별지기에게 가장 물어보고 싶은 질문 33〉. 다시 어떤 분야의 초보가 되어서 입문을 하려고 하니, 잊고 있던 별보기의 어려움들이 떠올랐다. 28년을 해왔으니 너무나 당연하고 익숙하게 체득하고 있는 것들이 입문자들에게는 큰 벽이 될 수 있다는 것을···. 별나라에서 너무 오랫동안 살아서 잊고 있던 초보 별지기들의 마음을 다시 생각해보게 되었다.

그렇다고 깊이 있는 내용을 너무 많이 담으면 별이 무엇인지 궁금한 사람들에게 또 하나의 암담함을 안겨줄 것이다. 그래서 책의 독자를 '아직 본격적인 천체관측을 시작하지 않았지만 별보기가 무엇인지 감을 잡고 싶은 예비 별지기'로 잡아보았다. 어떻게 하면 속 시원하게 별보기가 무엇인지 기본지식 없이도 그 맛을 전반적으로 두루 볼 수 있게 할까? 이 생각을 가지고 중·고등학교 학생들을 포함한 많은 분의 의견을 모아서 하나씩 답을 만들어보았다.

또한 '실제로 어떻게 보이는 걸까?'에 대한 더 실질적인 답을 위해, 필자가 밤하늘을 보며 스마트폰과 태블릿에 그린

디지털 드로잉, 그리고 검은 종이에 흰색 펜과 파스텔로 그린 종이 그림을 본문에 많이 실었다. 별친구들의 아름다운 천체 사진들과 함께….

아무쪼록 별을 좋아하지만 별 보는 법은 아직 잘 모르는 예비 별지기들에게 이 책이 좋은 길잡이가 되기를 바란다.

별보기 맛집 차림표

Chapter 3 망원경으로 별 보기

별지기 졸음쉼터

Chapter 1

천체관측이란
대체
무엇일까?

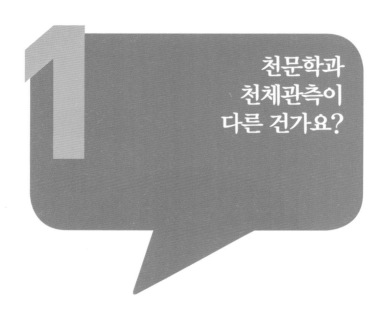

천문학과 천체관측이 다른 건가요?

'나는 커서 천문학자가 될 거예요.'

필자의 초등학교 2학년 일기장에 적혀 있던 장래희망이다. 천문학자는 고고학자, 로봇 과학자와 함께 1980년대 필자의 초딩 시절(당시는 국딩이었다) 남자 어린이들의 가장 흔한 과학계열(?) 희망직업이었다. 천문대의 거대한 하얀 돔에서 멋지게 하늘을 관측하고, 공룡이 등장하는 흥미로운 과거를 파헤치고, 태권V보다 잘 싸우는 로봇으로 지구를 구하는 그런….

필자도 그저 별이라는 신비로운 대상에 마음이 끌려서, 그리고 천문학자라는 이미지가 팬히 멋져 보였을 뿐, 실제로 천문학자가 무슨 일을 하는지는 알지 못한 채 천문대에서 망원경으로 밤새 별을 보는 거라고만 생각했던 것이다(에

■ 에드윈 허블(1889~1953)

드윈 허블이 파이프를 입에 물고 윌슨산 천문대 망원경을 보고 있는 사진이 그렇게 멋져 보일 수가 없었다. 사실 이건 설정샷인데…).

필자와 같이 별이 좋아서 천문학과에 진학하겠다는 학생들은 지금도 종종 볼 수 있다. 그 학생들에게는 아래 글귀를 꼭 보여주고 싶다. 다음 페이지에 나오는 사진은 한국 천문학의 본산인 한국천문연구원 정문 앞의 사명석이다.

"우리는 우주에 대한 근원적 의문에 과학으로 답한다."

■ 한국천문연구원 정문 앞의 사명석

천문학의 목적이 무엇인지 정의하는 너무나 숭고하고 명쾌한 문장이 아닐까(실제로 한국천문연구원의 여러 연구원들이 오랫동안 고심해서 만든 문장이라고 한다)? 그 자체로 멋지고 흥미진진한 이야기이기는 하지만, 이 문장 어디에서도 밤하늘의 낭만과 아름다운 천체들에 대한 느낌을 찾기는 어려울 것이다.

천문학은 우주란 대체 무엇인지, 우리가 어디에서 왔는지, 앞으로 우리는 어디로 갈 것인지를 연구하는 학문이다. 천문학자라고 하면 별자리를 줄줄 외우고 찾을 수 있을 것 같지만, 사실 천문학자들은 맨눈으로, 또는 망원경에 눈을 대고 별을 보지 않는다. 하늘을 보는 것은 사람이 아니라 자동화된 망원경으로, 정해진 계획에 의해 특정한 천체나 영역의 사진을 찍고 데이터를 수집한다. 천문학자들은 이렇게 얻어진 이미지와 스펙트럼, 전파 등의 자료를 가지고 과학적인 방법으로 우주의 근원에 대한 답을 찾는 것이다(물론 천문학자 중에서도 취미로 천체관측을 하는 분들도 있다).

　그러면 별지기라 불리는 사람들은 어떨까? 이들은 대부분 천문학 전공자도 아니고, 기초상식 이상의 천문학에는 큰 관심과 이해가 없는 경우가 많다. 그 대신 밤하늘과 천체의 아름다움 그 자체에 집중하여 밤이슬 맞으며 망원경으로 직접 천체를 관측하고, 거기서 기쁨과 희열을 느끼는 사람들이다.

　운동경기로 예를 들어보자. 프로야구가 인기 있는 것만큼 사회인 야구도 지역마다 활발히 운영되고 있는데, 프로팀이나 사회인팀이나 리틀 야구팀이라도 방향과 목적은 모두 동일하다. 잘 던지고 치고 달려서 점수를 내고 승리하는 것, 오직 그것이다. 하지만 천체관측의 경우, 같은 천체를 보더라도 천문학자와 별지기는 그 관점과 목적이 전혀 다르다.

　밤하늘의 유명한 부자은하를 관측한다고 해보자. 별쟁이들은 그 은하의 형태에 집중한다. 아빠 은하는 나선팔이 어떻게 보이고, 두 은하가 어떻게 연결되어 있고, 아들 은하의 헤일로는 어떻게 생겼는지 등을 관찰한다. 반면 천문학자들은 그런 형태적인 미학보다는 이 두 개의 은하가 어떻게 생성되었고, 상호간에 어떤 힘이 작용하여 어떤 영향이 발생할 것인지에 더

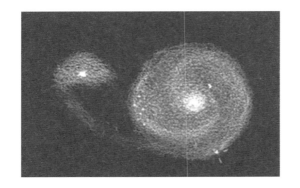

■ M51 관측 스케치 (조강욱, 2011)

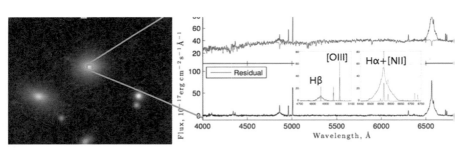

■ 활동성은하핵을 품은 미니타원은하 최초 발견(2016) (출처/천문연구원 홈페이지)

한국천문연구원에서 하는 일	별지기가 하는 일
■ 천문학 연구(은하 진화, 외계 행성, 별의 탄생, 은하단 형성, 태양 활동 등) ■ 차세대 25m 거대 마젤란망원경 개발 ■ 우주환경 감시 기술 개발 ■ 대국민 천문지식 및 정보 보급 사업	■ 내 망원경으로 밤새도록 별 보기 ■ 쏟아지는 별빛을 만끽하기 ■ 위성사진과 일기예보 분석 ■ 별 보기 좋은 곳 발굴 ■ 망원경 중고장터 잠복 근무

관심이 많을 것이다.

천문학과 천체관측은 그 목적 자체가 완전히 다르기 때문에 어떤 것이 더 좋고 나쁘다 논할 수가 없다.

필자는 진로를 결정해야 하는 고2 시절에 결국 오랫동안 품어왔던 천문학자의 꿈을 포기하게 되었다. 현실적으로 취업 자리도 많지 않고, 수학과 물리에 그렇게 뛰어난 소질이 있었던 것도 아니었기 때문이다. 그래서 결국 당시 인기가 좋았던 전자공학과로 무난하게 진로를 정하게 되었다. 만약 꿈을 굽히지 않고 천문학을 공부하게 되었다면, 아마도 여가시간에는 '직접' 별을 보는 특이 취향(?)의 천문학자가 되지 않았을까?

고등학교 시절 자기 암시를 위해 두꺼운 책 옆면에 'OO대학교 천문학과 96학번 조강욱'이라고 크게 써놓은 빛바랜 참고서를 오랜만에 꺼내 보았다. 후회하지 않을 선택이었는지 60살쯤 되면 알 수도 있지 않을까 기대해본다.

2

망원경으로 별자리를 찾아보는 건가요? 아니면 별을 확대해서 보는 건가요?

때때로 천체관측 동호회에서는 길거리나 공터에 망원경을 펼쳐놓고 일반 시민들을 대상으로 별을 보여주는 행사를 하곤 한다. 주된 관측 대상은 큰 지식과 기술이 없어도 쉽게 볼 수 있는 달이나 목성, 토성 같은 아주 밝은 천체들이다.

이런 공개 관측회에서 종종 듣는 질문이 "지금 어떤 별자리를 보는 건가요?"이다. 천체관측에 대한 가장 흔한 오해 중의 하나는 '천체관측이란 망원경으로 별자리를 관찰하는 것'이

라 할 수 있다. 왜냐하면 '별자리'라는 단어는 '별'이나 '천체'라는 단어보다 더 친숙하기 때문이다. 한 번도 하늘의 별을 본 적이 없는 분들도 자신의 탄생 별자리 별점은 한 번쯤 찾아보았을 것이다.

위의 사진은 한국에서 4월의 저녁 8시 즈음에 남서쪽 하늘에서 볼 수 있는 별들이다. 대략 이 정도가 육안으로 한 시야에 보이는 하늘이다. 도시에서 벗어난 한적한 곳에서는 이 정도 숫자의 별들이 보이겠지만, 도시에서 본다면 이 별들 중에 제일 밝은 별들만 남게 된다.

2. 망원경으로 별자리를 찾아보는 건가요? 아니면 별을 확대해서 보는 건가요?

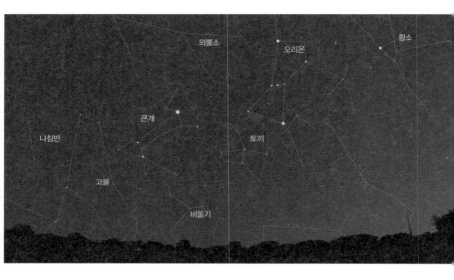

세상에 별이 싫다고 하는 사람은 없다(아직까지는 만나지 못했
다). 다만 무얼 어떻게 보아야 하는지 잘 모를 뿐. 그럼 별자리
는 어디에 있을까? 같은 하늘에 별자리 선을 만들어보았다(위
사진 참조).

지구인들이 가장 사랑하는 별자리 중 하나인 오리온자리가
높이 떠 있고, 큰개자리, 황소자리 등 크고 작은 별자리들이 밤
하늘에 어우러져 있다.

사람들이 망원경으로 보는 것은 어떤 것일까? 망원경은 사

람의 눈보다 훨씬 큰 렌즈로 빛을 모아서 더 크고 밝게 천체를 확대해서 보는 기구이다. 이 망원경으로 보면 별자리의 별들이 더 선명하게 잘 보일까? 천체망원경보다는 접하기 쉬운 쌍안경으로 낮의 지상 풍경을 관찰해본 적이 있다면 어떻게 보였는지 기억이 날 것이다. 육안으로 보는 것보다 훨씬 좁은 영역이 확대되어 보이는 모습을 말이다. 쌍안경이 보통 7~10배로 사물을 확대한다면, 망원경은 일반적으로 50~500배로 밤하늘의 천체들을 확대하여 보여준다. 그에 비례해서 우리가 볼 수 있는 영역은 더욱 좁아지게 된다.

왼쪽의 별자리들 중에서 최고 인기 스타인 오리온자리를 예로 들어보자. 육안으로는 별자리의 모양을 한눈에 파악할 수 있지만, 쌍안경이나 망원경으로 볼 경우 그 범위는 상상했던 것 이상으로 좁아지게 된다. 7배율짜리 일반적인 쌍안경으로 오리온자리를 향하게 되면 다음 페이지에 나오는 사진의 노란색 큰 동그라미와 같이 오리온 허리에 위치한 삼태성이 시야 가득히 들어온다. 볼 수 있는 범위는 좁아지지만 쌍안경 시야에 들어오는 별들의 수는 기하급수적으로 늘어나게 된다.

망원경을 생각해보면 그 변화는 더욱 극적이다. 흔한 오해로는 망원경으로 밝은 별을 크게 확대해서 그 형태를 보는 것

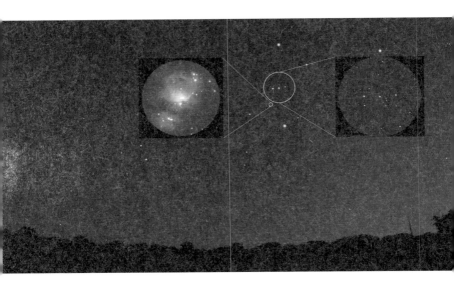

이라고 생각하기 쉽다. 그러나 그 별들은 지구로부터 거리가 너무 멀고 시직경이 작아서 동호인급의 망원경으로는 아무리 확대해도 그냥 밝은 점일 뿐이다. 그 밝기만 더 밝아질 뿐….

그럼 망원경으로는 무얼 보는 것일까? 위 사진의 작은 동그라미는 망원경으로 120배로 확대했을 때 보이는 영역의 크기이다. 쌍안경으로 7배만 확대해도 눈으로 보이지 않던 별들이 많아지는데 120배로 보면 얼마나 많이 보일까. 하지만 망원경으로 천체관측을 하는 목적은 육안으로 볼 수 없는 깨알 같은 작은 별들을 더 많이 보고자 하는 것이 아니다. 그 대신 밤하늘 여기저기에 숨어 있는 성운과 성단, 외부 은하와 같은, 개개의 별들이 많이 모여 있는 집합이나 우주의 거대한 가스 구름 같은 '천체'들을 보는 것이다. 이 천체들은 모두 제각각의 모양을 가지고 있고, 그 탈지구적(?)인 아름다움을 감상하는 것이 바로 천체관측이다.

왼쪽 사진 속의 작은 동그라미는 '오리온대성운'이라 부르는 밤하늘의 가장 인기 있는 천체 중의 하나이다. 육안으로는 희미한 점으로만 보일락 말락 하는 보잘것없는 흔적이지만, 크게 확대해서 보면 새가 날개를 펼치고 날아가는 것 같은 화려한 성운이 눈앞에 펼쳐진다.

별을 즐기는 방법은 아주 다양하지만, 가장 일반적인 스타일의 천체관측은 망원경으로 밤하늘의 천체들을 하나씩 찾아가는 방법이다. 평생을 투자해서 찾아보아도 다 찾지 못할 만큼 많은 수의 천체들이 있고, 그 하나하나의 아름다움을 감상하는 것… 그 끝없는 매력이 무엇인지는 이 책 후반부에서 다뤄보도록 하겠다.

2. 망원경으로 별자리를 찾아보는 건가요? 아니면 별을 확대해서 보는 건가요?

3

별 보는 사람들은 UFO나 외계인을 믿나요?

　결론부터 얘기하자면 천체관측과 UFO 등의 유사과학은 전혀 관련이 없다. 지인들에게 별을 본다고 하면 가끔씩 "UFO 본 적 있어?" "외계인은 진짜 있는 거 맞아?" 하는 반응을 볼 수가 있다. 아마도 눈에 보이지 않는 하늘의 신비한 무언가를 커다란 망원경으로 살펴본다는 것이 UFO나 외계인 같은 보편적인 미스터리와 결합하여 생기는 호기심일 것이다.

　우선 UFO는 말 그대로 미확인 비행물체Unidentified Flying Object

26

이다. 하늘에서 무언가 수상한 움직임을 보면 이건 분명히 UFO일 것이라는 생각을 할 수도 있는데, 수많은 SF 영화에서 외계인의 지구 침공에 대한 주제를 다루었던 것이 UFO라는, 또는 비행접시라는 판타지적인 이미지를 만들게 되었다. 그것은 존재할 수도, 그렇지 않을 수도 있겠지만 그 목격담의 많은 수는 사실 천문 현상을 목격하고 그것이 무엇인지 몰라서 UFO일 거라고 단정하는 경우가 많다.

가장 많이 UFO로 오해를 받는 대상은 금성이다. 금성은 초저녁, 또는 새벽 하늘에 이미 날이 밝아온 이후에도 매우 밝게 빛나는 시기가 있다. 이 이상할 정도로 밝게 빛나는 아이는 분명히 특별한 존재일 것이라고 생각하는 것이다(실제로도 UFO 오인 신고가 가장 많이 들어오는 대상이라고 한다). 그다음은 밤하늘을 가로지르는 비행기와 인공위성들, 그리고 순식간에 번쩍 하고 나타났다 사라지는 유성이다(인공위성과 비행기, 별들을 어떻게 구분하는지는 다음 장에서…). 또한 때때로 구름도 마술을 부린다. 특정 기상 조건에서는 렌즈구름Lenticular cloud이라 불리는 동그란 형태의 구름이 형성되는데, 이를 보고 UFO로 오인하는 경우도 있다.

외계인은 UFO와는 그 결이 조금 다르다. '외계인'이라는

■ 천연 재료로 만든 유기농 UFO

단어도 UFO와 같이 각종 음모론의 단골 주제가 되곤 하는데, 이 역시 〈ET〉나 〈행성탈출〉 같은 고전 영화부터 현대까지 이어지는 수많은 영화와 소설의 영향일 것이다. 하지만 좀 더 진지하게 외계인에 대해 생각해보면, 광활한 우주에서 지구상의 모든 모래알 개수보다 더 많은 셀 수 없는 별들 중에 존재하는 생명체가 단지 우리뿐이면 이건 정말 거대한 공간 낭비가 아닐까?(영화 〈CONTACT〉의 마지막 대사이자 칼 세이건의 유명한 명언이다. - "If it's just us, seems like an awful waste of space.")

실제로 한국천문연구원에서도 생명체 탄생의 본질을 파악

하기 위해 외계 행성을 탐색하는 연구를 지속적으로 수행하고 있고, 근래에 화성에 탐사선이 착륙해서 물의 흔적을 찾는 것도 결국은 생명체의 존재 가능성을 가늠하기 위함이다.

필자는 접시 모양을 한 UFO와 머리 두 개, 팔 네 개 달린 초록색 괴물 외계인은 믿지 않지만, 우주 어딘가에 생명체는 반드시 존재할 것이고, 우리가 상상할 수 없을 정도로 아주 많고 다양할 것이라고 생각한다. 그 생명체가 지구인과 비슷한 정도의 지적 능력을 갖췄을지, 아니면 훨씬 높을지, 열등할지는 알 수 없지만 말이다.

지구의 나이를 45억 년이라고 했을 때, 지구에 생명체가 처음 등장한 것은 35억년 전, 현생인류가 등장한 것은 겨우 20만 년 전이다. 그 인류가 발전에 발전을 거듭해서 문명과 언어를 만들고, 망원경을 발명하여 하늘을 보기 시작한 것이 고작 400여 년 전, 1609년의 일이다(그 이름도 유명하신 갈릴레오 갈릴레이가 처음으로 망원경으로 하늘을 보고 달의 크레이터를 발견했다).

지구 역사 45억 년 중에 지적 생명체가 지구 이외의 다른 어딘가를 보기 시작한 것이 400년간이니, 유구한 지구 역사 중에 겨우 0.00001%를 차지할 뿐이다. 이런 우리가 현재의 기술로 하늘을 보며 외계인이 있다 없다를 논하는 것은 조금 부질 없는 일일지도 모른다. 어느 별에서는 수억 년간 지구를 지켜 보며 지구의 생명체가 충분한 수준(?)의 지성을 갖추기를 기다 리고 있을지도 모르고, 지구인이 어딘가에서 외계 생명체를 발 견한다 해도 의사소통이 불가능한 단세포 생물 정도의 수준일 지도 모른다.

외계인에 대해 어떻게 생각하냐, 어떻게 생겼을 것 같냐는 질문을 받으면 필자는 영화 한 편을 추천한다. 칼 세이건 원작 조디 포스터 주연의 1997년작 〈CONTACT〉이다. 결말을 차마 얘기해줄 수는 없지만, 외계인이 있다면 분명히 이런 모습을

▪ 〈X파일〉의 멀더와 스컬리

하고 있지 않을까 생각해본다.

1990년대에 큰 인기를 끌었던 외화 시리즈 〈X파일〉에는 UFO와 외계인의 미스터리를 파헤치는 멀더라는 FBI 수사관이 나온다. 필자는 그때도 '전형적인' UFO와 외계인은 전혀 믿지 않았지만, 왜 그런지 매주 월요일 밤마다 〈X파일〉은 놓치지 않고 꼭 챙겨보았다. 외계인과 미스터리에 대한 관심보다는 실체적인 진실을 찾아 헤매는 그의 뜨거운 열정이 마음에 들었었나보다. 멀더의 사무실을 장식하는 포스터의 글귀가 기억에 남는다. "I want to believe."(나는 믿고 싶다)

별쟁이들은 비슷하지만 다른 글귀를 믿는다.

"Seeing is Believing."(보는 것이 믿는 것이다)

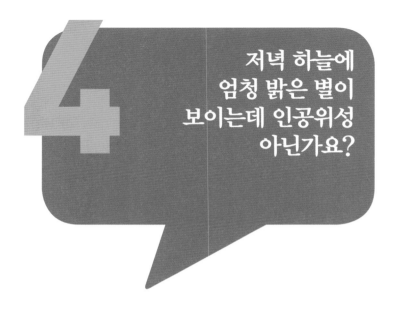

저녁 하늘에
엄청 밝은 별이
보이는데 인공위성
아닌가요?

하늘의 가장 밝은 별들을 보고 "저건 인공위성이야"라고 얘기하는 분들이 많다. 아마도 이렇게 밝은 빛이 '별'일 리가 없을 거라는 생각이 아닐까 싶다. 밤하늘에 떠 있는 하얀 점을 보고 이게 인공위성인지, 별인지, 비행기인지 어떻게 알 수 있을까?

우선 첫 번째 구분되는 특징은, 인공위성과 비행기는 움직인다는 것이다. 특히 인공위성의 빛은 밝지 않다. 밤하늘을 멍하니 바라보고 있으면 가끔씩 희미한 하얀 점이 천천히 하늘을 가로지르는 것을 볼 수 있다. 자세히 살펴보지 않으면 눈치채지 못할 만큼 어두운 밝기로, 소리 없이 미끄러지듯이 직선으로 하늘 위를 날아가는 작고 하얀 점이 있다면 그것은 100% 인공위성이다.

하늘을 비슷한 속도로 날아가는 희미한 불빛이 한 가지 더 있다. 바로 야간비행 중인 비행기이다. 자신과 멀지 않은 상공을 날아간다면 불빛도 밝고 엔진 소음도 들려서 비행기임을 인식하기 쉽지만, 거리가 멀다면 소리 없이 인공위성 정도의 은은한 밝기의 점으로만 보이는데, 인공위성과 다르게 비행기의 백색과 적색 항공등은 깜빡깜빡 점멸한다. 점멸 여부에 따라서 인공위성과 비행기를 구분할 수 있는 것이다. 그리고 인공위성은 지평선 근처와 머리 위를 가리지 않고 아무 곳이나 지나가는 반면, 비행기는 보통 지평선에서 멀지 않은 곳을 지나간다(비행기 항로 바로 밑에 위치한다면 머리 위로도 지나가겠지만, 확률상으로는 낮은 고도에서 목격할 확률이 높다).

그러면 별은 어떨까? 별은 절대 움직이지 않는다. 물론 1시간에 15도씩 움직이지만, 사람이 지켜보며 움직인다고 느낄 수 있는 수준은 아니다(움직이면 큰일 난다!). 시선을 고정하고 집중해서 그 빛을 바라볼 때 전혀 미동도 하지 않는다면 이건 순도

100% 진짜 별이 확실하다. 그리고 별의 밝기는 상당히 다양하다. 도저히 지나칠 수 없는 강렬한 밝기의 별이 있는가 하면, 주위의 가로등 불빛을 눈으로 가리고 집중해서 보아야 살짝 드러나는 어두운 별들도 있다.

밝은 별들 중에서는 빠른 속도로 깜빡이거나(초당 5번 이상) 상하좌우로 약간 흔들리며 빛나는 아이들이 있어서 비행기나 수상한 물체로 오인받는 경우도 있는데, 이는 지평선 근처에서 빛나는 밝은 별들의 경우이다. 지평선에서 가까우면 가까울수록 별빛이 우리 눈으로 도달하기까지 통과해야 할 대기의 두께가 더 두꺼워지는데, 대기 흐름이 불안정한 날의 경우 두꺼운 대기의 산란 현상으로 인해 별빛이 흔들리는 것처럼 보이거나 빠르게 깜빡이는 것이다. 이 현상은 어두운 별보다는 주로 밝은 별들이 더 영향을 많이 받으며, 해당 별의 고도가 조금 높아지면 다시 정상적으로 보인다.

이제 인공위성과 비행기와 별빛의 차이가 무엇인지 감이 올 것이다. 제목에서 언급한 저녁 하늘의 엄청 밝은 물체는 무엇일까? 이것은 금성이다. UFO로도, 인공위성으로도 시시때때로 둔갑하는 신비로운(?) 금성에 대해서는 질문 14번에서 다루

■ 국제우주정거장 ISS

어볼 예정이다.

요즘은 인공위성과 관련해서 볼 수 있는 흥미로운 것 두 가지가 사람들의 관심을 끌고 있다. 첫 번째는 다른 위성들보다 무지막지하게 큰 국제우주정거장, ISS International Space Station 이다. ISS는 거대한 태양전지판을 가지고 있어서, 이 전지판이 태양빛을 반사하며 내 머리 위를 지날 때 지구의 우리들은 찬란한 밝은 빛이 1분여간 하늘을 가로지르는 것을 볼 수 있다.

필자는 지금까지 여러 번 ISS를 보았는데, 모두 다른 별지기들이 미리 알려줘서 정확한 시간과 방위를 확인하고 카운트다운까지 하며 ISS를 맞이했다. 이제 막 어둠이 내린 저녁 하늘에 빠른 속도로 움직이는 찬란한 빛덩이는 언제 봐도 기분을

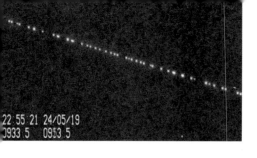

들뜨게 만든다. 워낙 빠른 속도라 쉽지는 않지만, 망원경으로 추적하면 태양전지판의 디테일도 볼 수 있다.

■ 마르코 램브록 촬영, 네덜란드 레이던대 천문대

두 번째는 일론 머스크의 우주 위성 인터넷 구축을 위한 큰 그림, 스타링크 위성들이다. 보통 인공위성들은 개별로 외로이 밤하늘을 떠도는데, 이 스타링크 위성들은 마치 끈으로 묶어 놓은 듯 수십 개의 위성들이 한 줄로 줄을 지어 다닌다. 어릴 때 재미있게 하던 기차놀이가 생각날 정도이다. 희미한 인공위성이 하나 지나갈 때쯤 같은 궤도에서 하나가 더 등장하고 같은 간격으로 하나가 더⋯ 칙칙폭폭 하는 소리도 들리는 듯하다.

그런데 문제는 이 위성 열차가 지금도 너무나도 많이 하늘로 발사되고 있다는 것. 전 세계 초고속 위성 인터넷망을 구축하기 위해 총 1만 2천 개의 스타링크 위성들이 사용될 예정이다. 현재 몇백 개 수준의 위성들도 좀 많다 싶을 정도로 자주 보이는데, 1만 개가 넘는 작고 하얀 점들이 하늘을 뒤덮게 되면, 아름다운 밤하늘까지 인공의 불빛들로 가득하게 되는 것은 아닐지. 세계 각국 별쟁이들의 걱정이 가득하다.

ISS를 찾아보자!

ISS는 그 압도적인 밝기로 인해 서울 등 대도시의 하늘에서도 쉽게 목격할 수 있다. 준비물은 가로등을 피할 수 있는 넓은 공터나 건물 옥상, 스마트폰, 그리고 ISS 앱이다.

필자는 ISS Detector라는 앱을 사용해보았는데, 본인의 GPS 위치와 ISS의 궤도를 계산해서 내가 몇 시 몇 분에 어느 방향에서 ISS를 볼 수 있는지 계산해서 알려주는 편리한 앱이다.

정확한 시간과 방향을 확인하고 카운트다운을 하며 기다리는 그 흥분되는 기분을 직접 느껴보길 바란다. ISS 앱은 이것 외에도 종류가 많으니 앱스토어에서 ISS로 검색해보자.

4. 저녁 하늘에 엄청 밝은 별이 보이는데 인공위성 아닌가요?

5

석양의 노을은 왜 이렇게 멋진가요?

도시의 광해로 별빛이 보기 어렵다고 해도, 깊고 푸른 맑은 하늘과 일출과 일몰 시의 붉은 노을은 도시와 교외를 가리지 않고 어디서든 볼 수 있다. 일출 시에는 출근하고 학교 갈 준비 하느라 또는 늦잠 자느라 하늘을 보기 어려울 수도 있지만, 저녁 시간에는 훨씬 기회가 많다.

필자는 해질 무렵의 하늘을 감상하는 것을 병적으로 좋아 한다. 말로 표현하기 어려울 정도로 멋진 색채의 향연 때문이

■ 서초동 빌딩숲 위로 요동치는 현란한 하늘색 (조강욱, 갤노트2)

■ 1분 만에 건물 아래로 쏙! (조강욱, 갤노트2)

39

5. 석양의 노을은 왜 이렇게 멋진가요?

다. 석양의 붉은 노을이라고 해도 절대로 단순한 붉은색이 아니다. 서쪽 하늘에 아직 태양이 높이 떠 있다면 하늘은 여전히 파란색이지만, 태양이 지평선 가까이 이동하면서부터 하늘의 색은 요동을 치기 시작한다.

태양이 지상에 가까이 다가갈수록, 눈이 부셔 쳐다볼 수도 없던 강렬한 태양은 밝기가 급격히 감소하고, 색깔도 순백색에서(모든 가시광선의 합은 흰색이다) 점점 노르스름한 기운이 강해지다가 붉은색에 이르게 된다. 또한 태양이 일몰에 가까울수록 태양이 떨어지는 속도는 점점 더 빨라지는 느낌이 들다가, 그 새빨간 동그라미가 지표면의 지형지물에 닿을 즈음이 되면 이젠 엄청난 속도로 태양이 몇 분 내로 사라지는 것을 목격할 수 있다.

하늘 높이 있을 때는 몰랐던 일몰과 일출 시의 속도감은 직접 보기 전에는 믿을 수 없을 정도인데, 사실 실제 속도가 빨라지는 것은 당연히 아니다. 태양이나 달 같은 커다란 천체가 지상의 나무나 건물 등 비교할 수 있는 물체 근처에 있을 때는 움직임이 더 확실히 느껴지고, 비교 대상이 없는 하늘 높이에서는 상대적으로 움직임이 잘 느껴지지 않기 때문이다.

서쪽 하늘에서 태양의 마지막 빛줄기가 사라지고 나면, 이

■ 어느 맑은 날 아침 바닷가의 일출 직전 (조강욱)

■ 그 반대편이 더 멋진 것은 아는 사람만 안다. (조강욱)

41

5. 석양의 노을은 왜 이렇게 멋진가요?

제는 빛의 향연을 감상할 시간이다. 태양이 마지막 머물던 자리에는 강렬한 오렌지색이 여전히 눈부시고, 하늘 위로 올라갈수록 노을 색이 엷어지며 검푸른 하늘색이 조금씩 섞이게 된다. 그리고 하늘이 완전히 어두워질 때까지 약 1시간여 동안 정확히 무슨 색이라 정의하기 어려울 정도로 시시각각 색의 조합이 달라진다.

여기서 중요한 것! 별쟁이들은 일몰의 석양과 함께 그 반대편 하늘도 같이 살핀다. '비너스 벨트Belt of Venus'라는 현상을 보기 위해서다. 일몰 직후와 일출 직전 태양 반대편의 지평선 위에는 짙푸른 하늘색이 얇게 깔리고, 그 위에는 엷은 핑크색이 한 겹, 그 위에는 다시 푸른 하늘색이 이어진다. 아~ 그 오묘한 색감은 보는 이들에게 자동으로 탄성이 나오게 만든다. 다만 한 가지 문제점은, 비너스 벨트는 지평선에서 아주 가깝게 펼쳐지는 현상이기 때문에 제대로 보려면 하늘이 아주 맑은 날에 건물이나 나무, 산이 시야를 방해하지 않는 넓은 평지나 바닷가, 산꼭대기로 올라가야 한다는 것이다(저녁에 보려면 동쪽이 트인 곳, 아침에 보려면 서쪽이 트인 곳이 필요하다).

필자가 사는 오클랜드는 뉴질랜드의 가장 큰 도시이긴 하지만, 주택가에도 높은 아파트와 상가 건물이 빼곡히 들어선 한국과 달리 3층 이상의 건물을 거의 찾을 수가 없고 녹지가 많아서 어디서나 쉽게 넓은 시야를 확보할 수 있다. 그러한 이유로 한국에서는 건물과 산에 가려서 쉽게 보기 힘들었던 비너스 벨트를 맑은 날이면 여지없이 감상할 수 있다.

필자는 석양이 내리는 과정을 5분 간격으로 그림으로 표현해보았다. 태양 빛이 두꺼운 지구 대기를 통과하기 위해 사투를 벌이는 그 결정적 순간을 커피 한 잔 손에 들고 편히 앉아서 감상해보자. 그 색채의 향연에 감탄이 절로 나올 것이라 장담한다.

■ 석양이 내리는 과정

■ 비너스 벨트의
생성과 소멸

하늘색이 바뀌는 이유

이 색들은 누가 다 만드는 것일까? 바로 태양이다. 이미 사라지고 난 뒤에도 태양은 조화를 부린다. 쓸 만한 자료 사진을 한참을 찾아보았는데 마음에 드는 설명을 찾을 수가 없어서 직접 만들어보았다.

❶ 태양이 높이 비출 때
· 푸른 빛의 산란으로 하늘은 파란색으로 보인다.
· 태양빛은 옅은 대기를 통과하여 파장대별로 큰 손실 없이 지표면에 전달되어 백색으로 빛난다.

❷ 태양의 고도가 낮을 때
· 하늘은 여전히 파란색
· 두꺼운 대기를 통과하는 중에 파장의 길이가 짧은 푸른색 계열의 빛은 사라지고, 파장의 길이가 긴 붉은색 빛만 남아서 태양과 그 주위가 붉게 빛난다.

우선 대낮에는 ①과 같이 태양 빛이 통과하는 대기층의 두께가 얇은 관계로, 가시광선 파장별로 빛 손실이 크지 않아서 태양은 눈부시게 밝은 순백색으로 보인다(학교에서 배운 바와 같이 색을 혼합하면 검은색이 되고, 빛을 혼합하면 흰색이 된다). 이 태양이 고도가 낮아질수록

②와 같이 태양 빛이 통과해야 하는 대기층이 더 두꺼워지고 그만큼 빛의 산란도 더 커지는데, 여기서 중요한 것은 가시광선 영역[쉽게 말해 빨주노초파남보] 중에서 파장이 짧은 파란색 계열이 더 많이 산란되어 사라지고 붉은 계열의 빛이 더 많이 살아남아서 태양과 그 주위를 붉게 물들이는 것이다.

❸ **태양이 지평선보다 살짝 아래에 있을 때**
· 지평선 아래에서 태양의 위치가 낮아질수록 하늘은 조금씩 어두워진다.
· 태양은 보이지 않지만 그 방향은 붉은 빛의 산란으로 계속 붉게 타오른다.
· 반대편 하늘에는 지구의 그림자가 넓게 드리운다.
· 지구의 그림자와 어두워지는 하늘 사이에는 붉은 빛의 산란으로 비너스 벨트가 나타난다.

그리고 태양이 지고 난 후 5분 정도가 지나면 태양은 지평선 아래 ③과 같이 위치하여 더 이상 모습을 보이지 않지만, 붉은빛은 여전히 일몰 방향에서 진하게 보이고, 반대편 하늘의 지평선 근처에는 짙은 푸른색의 지구 그림자가 보인다. 그 바로 위, 태양 빛의 산란으로 인한 핑크색의 벨트가 지구의 그림자와 경계를 맞대고 대비를 이루며 펼쳐진다. 그 벨트 위에는 다시 하늘색이 점점 어두워지며 밤을 맞이한다.

Chapter 2

맨눈으로 별 보기

북극성은
어떻게 찾아요?

북극성은 아마도 가장 유명한 별 이름이 아닐까 싶다. 하늘에서 가장 밝은 별이 북극성이라고 생각하는 분들도 많다. 여러 소설과 방송에 등장했던 움직이지 않는다는 낭만적인 별, 고등학교 지구과학 교과서에서 주관식 정답란의 그 별, 그리고 군대에 다녀온 사람은 밤에 방위를 찾는 방법으로 북극성의 이름을 교본에서 읽어보았을 것이다. 그래서, 이런 상대적으로 높은 인지도를 바탕으로 '밝고 아름다운 별＝북극성'이라는 공식이 만들어진 게 아닌가 싶다.

결론부터 얘기하자면, 북극성은 꽤 밝긴 하지만 2등성이라 아주 밝은 별은 아니다. 도시에서 본다면 가로등이나 간판 등의 불빛을 잘 피해서 북쪽 하늘을 주의 깊게 살펴보아야 찾을 수 있는 정도이다. 그런데 북쪽이 대체 어디란 말인가? 우리는 왼쪽, 오른쪽, 앞쪽, 뒤쪽, 이런 위치 감각에는 아주 익숙하다. 하지만 동서남북 방위를 가늠하는 것은 왼쪽, 오른쪽을 구분하는 것보다는 훨씬 낯선 일이다.

방위를 익히기 가장 좋은 방법은 태양의 위치를 파악하는 것이다. 태양 빛은 워낙 강렬하기 때문에 구름이 가득하거나 비가 오는 하늘이 아니면 언제든 태양의 위치를 알 수 있다. 눈이 부셔서 똑바로 쳐다보지 못할지라도 말이다. 사실 아무리 황당한 일이 있다 해도 아직까지 해가 서쪽에서 뜬 적은 없(을 것이)다. 여러분이 아침 일찍 떠오른 태양을 보았다면, 그 방향은 무조건 동쪽이다(지구의 공전으로 인해 태양이 떠오르는 정확한 방위는 계절에 따라 매일 조금씩 바뀌지만, 괜히 복잡해지니 이건 차차 배우기로 하자).

북위 37도의 북반구 중위도에 위치한 한국에서는 동쪽에서 떠오른 태양이 점점 고도를 높여서 정오가 되면 남쪽 하늘 높이 떠오른다. 태양이 하늘 높이, 고개를 한참 들어서 쳐다봐야

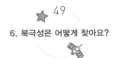

■ 대체 북극성은 어디에?

할 정도로 가장 높이 떠 있는 순간을 '남중'이라고 한다(별보기에 중요한 단어이니 이건 알아두자). 남중의 의미처럼, 정오 즈음 태양의 고도가 높이 위치한 방향이 남쪽이다. 남쪽 하늘 위에서 절정의 순간을 보낸 태양은 오후가 되면서 점점 고도가 낮아지며 오른쪽으로 이동해서 저녁 석양과 함께 서쪽 하늘로 자취를 감추게 된다. 우리는 태양의 위치 변화와 함께 동쪽 서쪽 남쪽을 알게 되었다. 그러면 북쪽은? 물론 남쪽의 반대쪽이 북쪽이다.

그런데 바쁜데 어떻게 하루종일 밖에서 태양만 보고 있나? 하고 생각하신다면… 하루 중 아무 때나 태양을 본다고 해도 동쪽의 반대는 서쪽이고 남쪽의 반대는 북쪽이라고 생각하면 된다. 한국을 기준으로 동쪽에서 떠오른 태양은 오른쪽으로, 즉 남쪽으로 이동할 것이고, 해가 뉘엿뉘엿 지고 있다면 그 왼쪽이 남쪽이다(굳이 '한국을 기준'으로 한다고 언급한 이유는 한국이 위치한 북반구 중위도 지역이 그렇다는 얘기이고, 필자가 살고 있는 남반구 뉴질랜드에선 동쪽에서 뜬 해가 왼쪽으로 이동해서 북쪽 하늘에서 '북중'을 한다).

방위 얘기를 한참 했는데도 동서남북이 헷갈린다면 스마트폰을 꺼내보자. 지도 앱을 열어보면 내가 있는 위치에서 어디가 북쪽인지, 북쪽에 위치한 건물과 도로가 어떤 것인지 아주 명확하게 가르쳐줄 것이다. 한 가지 당부드릴 말씀은, 스마트폰에 내장된 나침반 기능은 크게 신뢰하지 않는 것이 좋다. 필자의 경험에 의하면 아직은 오류가 많은 것 같다.

북쪽이 어딘지를 설명하는데 참 오래 걸렸다. 방위를 모르면 별보기에 지장이 많이 생기기 때문에 무조건 잘 알아야 하는 기본 지식이다. 여튼 북쪽 하늘 어디에 북극성이 있을까? 별자리에 대해서는 다음 장에 자세히 설명하겠지만, 우선 질문은 해결해야 하니 별자리를 좀 짚어봐야겠다.

사실 북쪽 하늘을 봐도, 작은곰자리에 위치한 북극성은 그렇게 눈에 띄는 별이 아니다. 1등성은 되어야 그래도 눈에 확들어오는데, 북극성^{Polaris}은 2등성인 데다가 주위에 밝은 별들도 별로 없어서 더더욱 눈에 띄지 않는다(별의 밝기 개념은 다음 장에서 다룰 예정이다).

북극성을 찾는 가장 쉬운 방법은 주위의 친절한 도우미들을 이용하는 것이다. 옆의 별자리 지도를 보면 상대적으로 친숙한 별자리인 북두칠성과 카시오페이아가 보인다. 북두칠성과 카시오페이아는 어떻게 찾을까? 사방이 트인 공원 같은 곳에서 가로등 같은 밝은 불빛이 직격으로 보이지 않는 위치를 찾아서, 우선 방위부터 확인하고 북쪽으로 생각되는 곳의 하늘을 쳐다보면 밝은 별들이 몇 개 보인다. 여러분이 북쪽을 보고 있는 게 맞다면, 그것은 분명히 북두칠성이나 카시오페이아, 두 별자리 중의 하나다. 계절이 봄이나 여름이라면 국자 모양의 북두칠성이 하늘 높이, 가을부터 겨울까지는 W자 또는 M자 모양의 카시오페이아가 잘 보이게 된다.

그렇게 북두칠성이나 카시오페이아를 찾으면 그 별들을 기준으로 그림의 노란색 화살표와 같이 이동하여 북극성의 위치를 찾는다. 북두칠성 국자 끝의 두 별 거리의 다섯 배만큼 이동하거나, 카시오페이아의 W에서 가상의 선을 그어서 북극성 위치까지 시선을 이동시키는 것. 왕초보를 벗어난 별쟁이들이야

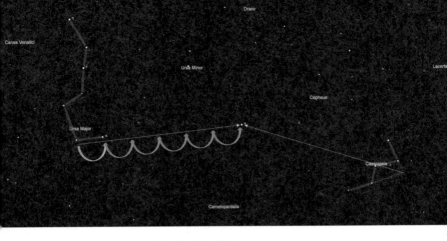

모두 북극성을 쉽게 찾을 수 있지만, 처음 찾아보는 사람에게는 이것도 쉽지 않다. 생각했던 것보다 북극성이 더 어두울 것이기 때문이다. 북극성은 북두칠성을 이루는 7개의 별들, 카시오페이아의 별 5개와 거의 비슷한 밝기지만, 단체로 뭉쳐져 있는 북두칠성이나 카시오페이아보다 혼자 있는 외로운 2등성은 좀 더 어두워 보이고, 위치를 가늠하기가 더 어렵다. 북극성이 어디 있는지 찾기 어렵다면, 이 그림의 가이드를 따라 다시 한 번 별자리를 정확히 찾고 차근차근 시선을 옮겨보자. 그 별이 있어야 할 곳을 집중하여 보고 있으면 찾던 별이 슬며시 시야에 나타나는 기쁨을 느낄 수 있다.

■ **안성 북가현리** (안해도, 2021)

그 별, 북극성은 움직이지 않고 항상 그 자리에서 빛난다. 우리가 이 밝지 않은 별을 꼭 찾아보아야 하는 이유는 이 별이 움직이지 않기 때문이다. 별지기들 중에서도 천체사진을 찍는 사람들은 천체 추적을 위한 기준 별로 북극성을 이용하기 때문에 더더욱 중요하다. 북반구에서는 모든 별들이 북극성을 중심으로 반시계 방향으로 하루에 한 바퀴씩 회전한다(아시겠지만 별들은 가만히 있는데 지구 자전으로 별들이 움직이는 것처럼 보이는 것이다).

그런데 왜 별들이 북극성을 중심으로 회전을 하는 것일까? 북극성에 특별한 능력이 있어서? 그건 물론 아니다. 사실 북극성이 어쩌다 보니 우연히 천구의 북극 근처에 위치해 있어서 특별해 보일 뿐이다. 북극성은 하늘의 북극과 딱 0.5도만큼만 떨어져 있다. 그 각거리만큼 회전운동을 하겠지만 그 범위가 너무 작아서 돌고 있음을 거의 느낄 수 없다. 왼쪽 페이지의 사진은 별 풍경 사진의 최고수 중 한 분인 안해도 님의 북천일주이다. 별들은 모두 하늘의 북극을 중심으로 원을 그리며 회전운동을 하고 있고, 자세히 보면 가장 중앙의 밝은 별인 북극성도 아주 조금은 움직인 것을 알 수 있다.

필자는 본가가 있는 서울 길음동에 방문했다가 아파트 단지 사이로 보이는 북극성을 발견하고 스마트폰의 터치펜으로 그림을 한 장 그려보았다. 북두칠성 국자 끝의 가이드 별은 보이지 않았지만, 국자 손잡이 별들만 가지고도 북극성의 위치는 추측해볼 수 있었다. 아파트 숲 사이로 아련하게 보이는 북극성이 나에게, 너의 길은 여기라고 인도해 주는 것만 같았다.

■ **길음뉴타운, 북극성** (조강욱, 갤노트2, 2014)

7

내 탄생 별자리를 찾고 싶어요. 별자리는 어떻게 찾나요?

아직 천체관측에 입문하지 않은 분들은 '관측'보다는 '관찰'이라는 용어를 많이 사용한다. 의미야 모두 통하겠지만, 별지기들은 하늘을 보는 행위에 대해 '관측'이라는 용어를 훨씬 더 선호한다. 관찰보다는 조금 더 진지한 마음이 담겨 있어서 그런 것이 아닐까?

'별자리' 하면 가장 먼저 생각나는 것은 나의 탄생 별자리일 것이다. 한 번도 별을 본 적이 없는 분들도 본인의 탄생 별자리는 대부분 알고 있다(필자의 탄생 별자리는 물고기자리다). "양자리 어디 있는지 보여주세요"와 같이 자신의 탄생 별자리 위치를 묻는 질문은 공개관측회의 단골 질문이기도 하다. 하지만 천체관측의 관점에서 탄생 별자리, 이른바 황도 12궁은 크게 중요하지는 않다. 황도 12궁의 의미는 밤하늘의 모든 별자리 중에서 (지구의 공전에 의해) 태양이 이동하는 길인 황도Ecliptic상에 위치한 12개의 별자리를 짚어놓은 것일 뿐, 황도 12궁 별자리 중 쌍둥이, 사자, 전갈 3가지 정도를 제외하고는 너무 어두워서 별지기가 아니라면 어디 있는지 찾는 것조차 쉽지 않다.

별자리는 밤하늘에 개별로 흩뿌려져 있는 별들 중에 밝은 별들로 가상의 선을 이어서 인간의 상상력으로 그럴듯한 그림을 그린 것이다. 그러나 별자리를 이루는 별들은 대부분 서로 물리적으로 아무 연관이 없고, 다만 지구상에서 시선 방향에 비슷하게 위치해 있을 뿐이다. 하지만 왜 별자리가 필요하냐 하면, 별자리가 없다면 어떤 게 어떤 별인지 헷갈려서 체계적으로 밤하늘을 관측할 수 없기 때문이다(쏟아지는 별빛을 만끽하는 것이야 그 자체로 아름답고 황홀하지만…).

다음 페이지 그림의 작은 노란색 원 안의 대상인 오리온대성운을 지칭한다고 할 때, 물론 천문학적으로 정의되어 있는

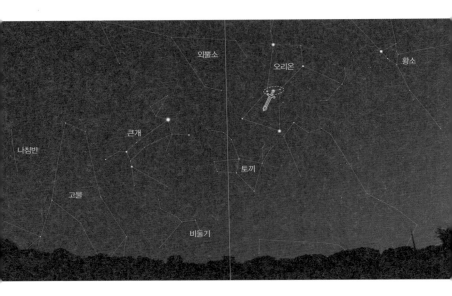

외뿔소
오리온
황소
큰개
나침반
토끼
고물
비둘기

■ 별자리 모양

좌표를 가지고 "이 성운은 적경 05h 35m 17.3s, 적위 -05°
23′ 28″에 있다"고 정확하게 얘기할 수도 있지만 전혀 직관적
이지 않다. 이 대신에 "이 성운은 오리온자리 허리띠 아래에 위
치한 오리온 칼을 이루는 세 별 중의 중간 별이야"라고 얘기한
다면, 오리온자리 모양을 아는 사람이라면 바로 이해할 수 있
을 것이다.

밤하늘에 현재 통용되는 별자리는 모두 88개이다. 별자리
야 모든 문화권에서 저마다의 모양과 명칭을 가지고 오랫동안

존재해왔지만, 혼선을 방지하고 국제적으로 정확한 의사소통을 위해 국제천문연맹IAU에서 1928년에 현대의 88개 별자리와 그 영역을 확정했다. 왼쪽 페이지의 별자리 그림은 1928년 이후에 전 세계적으로 보편적으로 쓰이고 있는 별자리 중 한국의 겨울 하늘에서 주로 보이는 별자리들이다.

별자리는 천체관측의 기본 중의 기본이다. 천체관측이란 활동은 단지 별자리를 그리는 것보다 훨씬 심오하고 다양하지만, 망원경으로 성운·성단을 찾든, 화려한 천체사진을 찍든, 모든 별생활의 기초는 별자리를 능숙하게 찾는 것에서 시작한다. 왜냐하면 별자리는 하늘의 별 지도이기 때문이다. 위의 오리온대성운 찾는 방법의 예에서 본 것처럼, 별 보는 사람은 하늘의 특정 영역을 지칭할 때 숫자로 된 좌표보다는 별자리를 중심으로 직관적으로 설명하게 된다. 그런데 별자리를 정확히 모르면 손가락으로 하늘을 가리키는 것 외에는 방법이 없다(손가락으로 하늘의 별을 짚어본 사람은 알겠지만 내 시선 방향과 옆 사람의 시선 방향은 많이 달라서, 내가 손가락으로 가리키는 방향이 정확히 어디인지 옆 사람조차 헷갈리는 경우가 대부분이다).

어떻게 별자리를 공부해야 할까? 88개 별자리를 모두 줄줄 외워야 하는 것일까? 그렇지는 않다. 우선 각 계절별로 있는 3~5개 정도의 대표 별자리들부터 찾아보고, 그 크고 밝은 별자리들이 익숙해지면, 그 아이들을 기준으로 점점 더 작은 별자리들로 확장해나가면 된다.

대표 별자리들은 보통 1~2등급 별들이 여러 개 포함되어 있어서 도시에서도 쉽게 찾아볼 수 있는 반면, 3~4등급의 어두운 별들로만 이루어진 별자리도 많다. 별의 등급 개념을 잠시 알아보자. 1등급의 밝은 별을 기준으로 그보다 약 2.5배 어두운 별은 2등성, 다시 그보다 2.5배 어두운 별은 3등성이 되며, 대략적인 육안 한계 등급인 6등성과 1등성의 밝기 차이는 정확히 100배이다. 또한 1등급보다 2.5배 밝은 별은 0등급, -1등급 하는 식으로 음수로 표현한다.

한국천문연구원에서 제공하는 천문우주지식정보 사이트의 계절별 별자리 지도를 올려놓았다. 우선 가장 화려하고 밝은 별들이 많아서 별자리 그림을 그리기 쉬운 겨울 하늘의 별자리부터 찾아보자. 겨울 별자리라고 해서 딱 12월~2월까지만 볼 수 있는 것은 아니다. 겨울 별자리라는 명칭의 의미는 "겨울철 자정 무렵에 남쪽 밤하늘에 높이 남중하는 별자리"라는 의미

1월 1일 21시

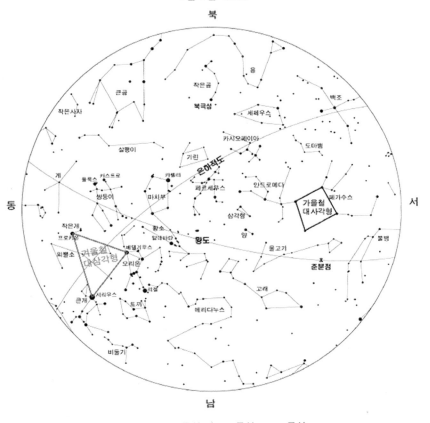

- ● 0등성　• 1등성　• 2등성　· 3등성　· 4등성

■ **겨울철 별자리** (출처/천문우주지식정보)

■ 봄

■ 여름

■ 가을

■ 북쪽

7. 내 탄생 별자리를 찾고 싶어요. 별자리는 어떻게 찾나요?

이다. 따라서 이 별자리들은 겨울철 초저녁에는 동쪽 하늘에서 막 떠오르는 중에 있을 것이고 자정에 남쪽 하늘로 왔다가 새벽녘이 되면 서쪽 하늘로 지게 된다(해가 뜨고 지는 것과 동일한 원리이다). 이와 같이 겨울 시즌에 밤새도록 잘 볼 수 있어서 겨울철 별자리라 부르는 것이고, 가을에는 이 겨울철 별자리들이 자정 즈음에 동쪽에서 떠올라서 새벽에 남쪽 하늘을 아름답게 수놓는다. 같은 원리로 봄에는 해가 지면 겨울철 별자리들이 이미 남쪽 하늘에 높게 올라와 있고, 자정 즈음에는 봄철 별자리들에 밀려서(?) 서쪽 지평선으로 점차 사라진다.

겨울철 별자리에서 가장 중요한 모양은 '겨울의 대삼각형'이다. 바로 앞장에서 언급한 오리온자리의 붉은 별 베텔게우스, 시리도록 푸르른 큰개자리 시리우스, 그리고 작은개자리 프로키온을 이은 가상의 삼각형이다. 이 겨울의 대삼각형은 별자리는 아니지만, 이 삼각형을 시작으로 주변의 별자리들을 모두 찾아나갈 수 있으므로 아주 중요하다. 예를 들면 대삼각형 세 별 중에 프로키온과 베텔게우스를 이은 변 위쪽으로 쌍둥이자리의 위치와 모양을 찾고, 쌍둥이의 두 머리(폴룩스와 카스토르)를 연장해서 게자리를 찾고… 하는 식이다. 밝고 큰 별자리는 그 자체로 멋이 있고, 작은 별자리라고 해도 하나씩 맞춰보며 찾아가는, 마치 숨은그림 찾기를 하는 것 같은 아기자기한 맛이 있다.

다른 계절의 별자리도 마찬가지로 모두 겨울의 대삼각형과 같은 'Key Stone'을 가지고 있다. 그 유려한 곡선만으로도 멋진 봄의 대곡선, 여름밤 은하수를 수놓는 여름의 대삼각형, 가을 하늘의 만능열쇠 페가수스 사각형이 그들이다. 그리고 앞장의 질문 6번 북극성 편에서 언급했던 사시사철 하늘에서 보이는 북쪽 하늘의 별들을 '주극성'이라 부르고, 북쪽 하늘의 별자리들은 계절별 별자리와 별도로 '북쪽 별자리' 또는 '북천 별자리'라고 부른다. 북천에서는 큰곰자리의 꼬리를 이루는 북두칠성(북두칠성은 별도의 별자리가 아니다)과 카시오페이아가 가장 눈에 잘 띄는 별무리이므로 이 아이들을 활용해야 한다.

이 책에 언급한 작은 별자리 지도만 가지고 밤하늘의 별자리들을 찾아 나가기는 쉽지 않다. 밤하늘의 공식적인 별자리 88개 중 남반구에 있어서 보이지 않는 아이들을 제외해도 한국에서 50개 이상의 별자리를 찾을 수 있는데, 모양을 하나씩 잘 그려보기 위해서는 별자리를 다룬 서적을 한 권 읽어보는 것을 추천한다. 찾는 방법과 별자리 모양에 대한 친절한 설

63

명과 함께 신화에서 이 별자리들을 어떻게 다루고 있는지도 알수 있다(예를 들어 가을 하늘의 별자리들은 대부분 한 가족인데, 관련된 신화를 알아보면 막장 아침 드라마가 따로 없다).

사계절의 별자리들을 모두 파악하려면 얼마나 시간이 걸릴까? 열심히 본다면, 두 계절이면 주요 별자리들은 모두 파악할 수 있다. 위에 언급한 대로 저녁 시간과 새벽 시간을 이용하면 다른 계절의 별자리들도 볼 수 있기 때문이다. 별자리 중에는 백조자리나 전갈자리처럼 누가 봐도 "우와, 멋지다"라고 탄성을 지를 만한 아이들도 있지만, 마차부자리처럼 밝기는 하지만 마차를 모는 마차부의 이미지와는 아무 관계가 없어 보이는 커다란 오각형만 덩그러니 있다거나, 바다뱀자리처럼 모양은 그럴듯하지만 너무 희미해서 거의 보이지 않거나, 작은여우자리처럼 선 몇 개 연결되어 있는 전혀 연상이 불가능한 볼품없는 아이들이 대부분이다. 그러나 우리가 이런 아이들까지 가능하면 모두 알아두면 좋은 것은, 별자리가 가장 직관적인 밤하늘의 별 지도이기 때문이다.

별자리 책을 추천하려고 검색을 해보니 책 종류가 너무너무 많다. 서점에 가서 맘에 드는 책을 한 권 골라서 밤마다 하늘을 보면서 맞추어보자. 책이 조금 부담스럽다면 별자리 앱을 찾아보아도 괜찮다. 다만 앞장에서 언급한 바와 같이 스마트폰의 위치 센서를 이용하여 본인이 폰을 가져다 대는 방향으로 해당하는 별자리가 자동으로 맞추어지는 기능은 신뢰하지 않는 것이 좋다. 계절별 대표 별자리부터 찾고 하나씩 확장해나가면 된다.

필자는 (자랑이긴 하지만) 북반구와 남반구에서 보이는 88개 별자리를 모두 찾아보았다. 전체 별자리 중에 필자가 가장 좋아하는 별자리는 한국에서는 절반쯤밖에 보이지 않는 '에리다누스강자리'라고 하는 희미하고 거대한 별자리이다. 오리온자리 발끝을 출발해서 밤하늘을 굽이치며 흘러 흘러 남반구의 시리도록

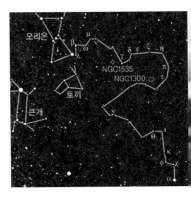

■ 에리다누스강자리 (출처/천문우주지식정보)

하얀 1등성인 아케르나르(별 이름의 뜻이 '강의 끝'이다)에서 끝나는 아름답고 역동적인 에리다누스강자리. 혹시 적도 지방이나 남반구에 갈 일이 있다면 꼭 한번 찾아보기를 강력히 추천한다.

7. 내 탄생 별자리를 찾고 싶어요. 별자리는 어떻게 찾나요?

황도 12궁과 별자리 신화

대체 황도 12궁이란 무엇일까?

1년에 한 바퀴씩 태양을 도는 지구의 공전에 의해, 오른쪽 그림과 같이 지구에서 보이는 밤하늘의 별자리들은 우리의 시선 방향을 따라 1년에 한 바퀴씩 천천히 도는 것처럼 보인다. 우리는 우리가 돌고 있음을 인지하지 못하기 때문에 배경인 별들이 이동하는 것으로 착각하는 것이다. 그리고 같은 이유로 시선 방향의 태양이 위치하는 별자리도 1년에 걸쳐 한 바퀴를 돌며 바뀐다. 그림을 보며 잘 생각해보자.

황도 12궁을 이루는 별자리들은 그 아이들이 특별한 능력이 있어서 태양을 머물게 하는 것이 아니라, 우연히 지구인의 시선 방향으로 보이는 태양의 배경이 되는 별자리가 된 것뿐이다.

태양의 이동에 따라 태양에서 가까이 위치하게 되는 별자리는 태양의 밝은 빛으로 인해 보기 힘들게 된다. 낮에도 이 별자리들은 하늘 높이 떠 있겠지만 태양 빛 때문에 보이지 않고, 밤에는 태양이 지고 난 직후에 같이 지거나 태양이 뜨기 직전에 잠깐 보였다가 일출과 함께 사라지기 때문이다.

자료 사진과 같이 태양이 처녀자리에 위치하면 우리는 절대로 처녀자리를 볼 수 없고, 이 시기에 태어난 사람은 자신의 탄

■ 황도 12궁 - 처녀자리 (출처/자바실험실, javalab.org/zodiac/)

생 별자리가 처녀자리가 된다(남자든 여자든 상관없다). 시간이 몇 개월쯤 흘러서 태양이 이 별자리에서 멀리 떨어지게 되면, 이젠 깊은 어둠과 함께 밤하늘 높이 처녀자리가 보이게 된다. 예를 들어, 앞 장에서 설명한 겨울철 별자리들은 겨울철에 태양의 정반대편에 위치하는 별들이라 생각하면 쉽다.

이와 같이 1년간 태양이 하늘에서 움직이는 길을 황도라고 하고, 이 황도대에 위치한 별자리들이 그 유명한 황도 12궁이다.

황도 12궁은 유구한 역사를 가지고 있다.

천문학의 기원이자 인류의 가장 오래된 문명인 메소포타미아 문명에서부터 발전한 무려 5천 살이 넘는 별자리들이다. 그 당시, 기원전 고대 문명에서 밤하늘은 그저 경외의 대상이었다(사실

7. 내 탄생 별자리를 찾고 싶어요. 별자리는 어떻게 찾나요?

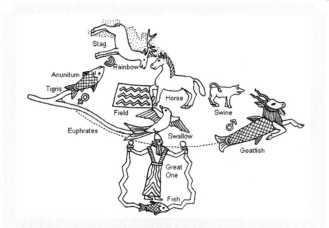

■ 메소포타미아 문명에서 시작된 인류 최초의 천문학
(출처/babylonian-astrology.com)

지금도 마찬가지다). 인공 불빛이 전혀 없던 시절, 칠흑같이 어두운 밤 하늘에 떠 있는 별들을 보며 사람과 신의 모양을 연상하고 전설 을 만들었다는 것은 놀랍지 않은 일이다.

세대를 이어오며 별자리와 신화는 점점 더 가다듬어지고 태 양이 12개의 별자리를 1년을 주기로 계속 돌고 있는 것을 경험을 토대로 알게 되면서, 고대 메소포타미아인들은 황도상의 12개 별자리를 기반으로 계절을 인지하고 시기에 맞추어 농사를 지을 수 있게 되었다.

메소포타미아의 남부 지역인 수메르(지금의 이라크 일대)에서 처음 발달하기 시작한 최초의 천문학은 3천 년 전 바빌로니아 시대를 거쳐 더욱 정교해지고, 이집트를 거쳐 그리스 문명으로 전해지면서 우리가 잘 알고 있는 그리스 로마 신화와 별자리가 결합하게 되었다.

그 당시의 천문학은 사실 농사를 위한 측량과 왕권 강화를 위한 도구로 사용되었기에 현대의 천문학과는 많이 달랐고, 천문학Astronomy과 점성술Astrology은 다르지 않았다. 17세기가 되어 "태양이 아니라 사실 지구가 돌고 있다"는 의혹이 점점 커지기 전까지 아주 오랫동안….

몇천 년 동안 모양과 스토리가 갈고 닦여진 북반구의 별자리들에 비해 남반구의 별자리들은 상대적으로 빈약하고 어설프기 짝이 없다. 밝은 별들의 개수는 남반구의 하늘도 만만치 않게 많은데 말이다.

남반구의 별자리들은 18세기에 유럽의 천문학자들이 배를 타고 남반구에 원정을 오면서 알려지게 되었다. 당시에는 미지의 세상이었던 남반구의 하늘을 보고 그 당시 자기들이 가지고 다니던 관측 도구(팔분의, 직각자, 나침반 등), 관측 장소(이건 좀 어이가 없는데, 자신의 관측지였던 남아프리카공화국의 '테이블산' 그 자체를 별자리로 만들었다), 동물과 곤충 등을 마음대로 하늘에 그려서 별자리를 만들었다.

비록 연상도 어렵고 미적 감각도 많이 떨어지긴 하지만, 생전 처음 보는 하늘에서 새로운 별들로 자기 마음대로 신나게 별자리를 그렸을 그들이 솔직히 너무나 부럽다.

7. 내 탄생 별자리를 찾고 싶어요. 별자리는 어떻게 찾나요?

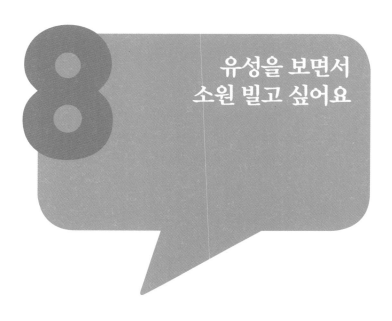

유성을 보면서 소원 빌고 싶어요

    밤하늘을 휘익~ 지나가면서 반짝 빛나는 유성은 밤하늘의 낭만의 상징이다. 모두들 영화나 드라마, 만화영화에서라도 한 번쯤은 유성이 흘러가는 장면을 본 적이 있을 것이다. 머리를 맞대고 있는 남녀 주인공의 실루엣 위로 크고 밝은 유성이 하늘을 넓게 천천히 가로지르다 '반짝' 하고 사라지는 모습은 일종의 클리셰(진부한 표현 또는 고정관념)라고 볼 수 있다.

    현실에서는 어떨까? 유성은 대개 그리 밝지 않고, 짧고, 빠르고, '반짝'하지 않는다. 일반적으로는 찰나의 순간에 하늘의 좁은 영역에 짧은 직선으로 나타났다 사라지는 관계로, 보통 유성이 지나가고 난 다음엔 "어, 유성인가?" "너 방금 봤어?" 하는 반응이 나오게 된다. 때때로 서울 하늘에서도 보일 만한 큼지막한 유성이 등장하기도 하지만, 고층 건물로 시야가 막혀 있고 야간 조명으로 별들이 잘 보이지 않는 대도시에서 유성을 목격하기는 정말로 어려운 일이다. 약 3천 개 이상의 유성을 본 필자도 서울에서 본 유성은 평생 몇 개 되지 않는다(그마저도 유성이 많이 떨어지는 날 몇 시간 동안 작정하고 눈 부릅뜨고 앉아서 본 것이다).

유성은 우주 공간에 부유하는 작은 광물 알갱이들이 지구의 공전에 의해 지구가 이 별먼지들에 가까이 다가갔을 때, 이들이 지구의 중력으로 인해 대기권으로 끌려 들어왔다가 대기와의 마찰열로 인해 온도가 점점 높아져 결국 불타 없어지는 현상이다. 우리가 지구에서 보는 유성들은 그 작은 알갱이들이 불타 없어지는 마지막 순간을 목격하는 것이다. 이 아이들은 1mm도 되지 않는 아주 작은, 말 그대로 별먼지부터 수 미터에 이르는 대형 암석까지 아주 다양하고, 이중에 좀 큰 덩어리들은 더 오랫동안 더 환하게 타오르기 때문에 아주 가끔씩 엄청나게 밝은 유성을 볼 수도 있다.

8. 유성을 보면서 소원 빌고 싶어요

일반 유성들과 별개로 이렇게 아주 밝은 유성을 화구[Fire Ball]라고 한다. 화구들은 정말 애니메이션에서 보던 클리셰처럼 밝고 진하고 긴 궤적을 남기고, 경우에 따라서 그 마지막 순간에 폭죽이 터지는 듯한 섬광이 생기는 경우도 있다(소리는 나지 않는다). 필자도 수차례 화구를 본 적이 있는데, 누군가의 비명 소리에 놀라서 뒤돌아보면 그때까지도 길게 떨어지고 있는 경우도 있고, 유성이 사라지고 난 이후에 '유성흔'이라는 흔적이 마치 연기처럼 몇 분간 하늘에 피어오르기도 한다. 아주 밝은 유성 때문에 내 그림자를 본 적도 있었다.

유성을 보기 위한 좋은 방법은 아주 간단하다. 아주 맑은 그믐 전후의 날을 골라서 본인이 알고 있는 도시에서 가장 먼 어두운 곳에 가는 것이다(이런 곳을 잘 찾는 방법은 질문 10번에서 다룰 예정이다). 그곳에서 옷을 단단히 입고 바닥에 매트를 깔고 눕거나, 반쯤 눕혀지는 안락한 의자에 앉아 멍하니 하늘을 보면 된다. 언제 어디서 유성이 떨어질지 모르니, 눈으로 최대한 하늘의 많은 영역을 커버하면서 보다 보면 꼭 유성우가 내리는 날이 아니더라도 아무리 못해도 20분에 한 개씩은, 1시간이면 5개 이상의 유성을 볼 수 있다. 속는 셈 치고 한 번만 도전해보자!

여기서 중요한 것은 '무념무상'이다. 예를 들어 하늘의 남쪽을 집중적으로 보고 있었는데 친구가 북쪽에서 유성을 봤다는 환호성을 듣고 시선을 북쪽으로 돌리면 원래 보고 있던 남쪽 구역에서 연달아 유성이 떨어질 것이다. 또한 열심히 하늘을 보다가 목이 조금 아파서 스트레칭을 하려고 고개를 숙이는 순간엔 꼭 유성이 지나간다. 무념무상. 아무 생각 없이 넓게 한 영역을 선택하여 멍하니 밤하늘을 감상하고 있으면 유성은 그저 손쉽게 따라오는 기념품이다.

간혹 유성이 많이 떨어진다는 '유성우'라는 이벤트가 있다. 태양 주위를 길다란 타원형을 그리며 공전하는 주기 혜성들의 궤도를 지구가 교차해서 지나갈 때, 그 혜성들이 궤도에 남기고 간 암석 등의 파편들이 지구 중력에 이끌려서 평소보다 더 많은 수의 유성들을 볼 수가 있다. 그러면 미디어에서는 으레 "밤하늘의 우주쇼"라고 기사를 내보낸다. 어디서 어떻게 보면 얼마나 보인다는 구체적인 내용이 있으면 좋겠지만, 대부분의 기사들은 그저 몇 년 만의 우주쇼가 펼쳐진다는 피상적이고 자극적인 정보를 전달하는 데에만 그치고(실제 유성우를 관측해본 기자가 몇 명이나 될까?), 사람들은 우주쇼를 기대하며 집 앞에 나왔다가 허탕만 치는 경우가 많다.

유성우를 보고 싶다면 아래 주의사항을 꼭 숙지하자.

1. 유성우 중에 매년 8월에 있는 페르세우스자리 유성우를 놓치면 안 된다. 페르세우스자리 방향을 중심으로 방사형으로 유성들이 떨어져서 페르세우스 유성우라고 하는데, 필자의 경우 볼 때마다 시간당 최소 10~20개 정도씩은 보았다. 꼭 페르세우스 자리 근처만 볼 이유는 없다. 복사점(유성의 출발점)이 그곳일 뿐, 그 방향에서 출발한 유성이 전 하늘에 걸쳐서 보인다. 흔히 3대 유성우라고 해서 페르세우스자리 유성우, 쌍둥이자리 유성우, 사분의자리 유성우를 꼽는데, 쌍둥이자리와 사분의자리는 춥디추운 한겨울에 덜덜 떨며 기다려야 한다.

2. 무조건 대도시에서 멀리 이동한다. 하늘이 점점 어두워지고 별들의 수가 많아질수록 유성을 만날 확률은 기하급수적으로 높아진다. 아주 외진 곳에 가더라도 가로등이 근처에 있으면 꽝이다.

3. 푹신한 매트나 편안한 의자, 그리고 무엇보다 절대로 춥지 않을 옷가지가 필요하다. 밖에서 오랫동안 유성을 기다릴 수 있으면 그만큼 더 많은 유성을 볼 수 있다. 단발 유성도, 유성우도 모두 확률 싸움이다.

4. 무념무상. 머릿속을 텅 비우고 욕심마저 비우고 눈만 크게 뜬다.

5. 저녁보단 새벽에 유성을 볼 확률이 높아진다. 저녁 늦게까지 기다리는 것보단 새벽에 일찍 일어나는 것이 더 낫다.

6. 소원이 이루어지려면 유성이 날아가는 동안에 같은 소원을 7번을 빌어야 한다는 것이 업계의 정설이다. 따라서 "여자친구 만들어주세요"와 같은 긴 문장은 7번은 고사하고 한 번도 외치기 어렵고, 경험상으로는 유성이 떨어지기 전부터 'Girl걸' 같은 외마디 단어를 중얼중얼하고 있어야 하룻밤에 겨우 한 번 성공할까 말까. '돈'을 외치거나 남자나 여자를 뜻하는 1음절 비속어를 외치는 경우가 많다. 필자는 일곱 번 주문을 여러 차례 성공해보았으나 결국 아무것도 이루어지

■ 2013년 페르세우스 유성우. 파주 어딘가에서 가족들과 작은 다리 위에 누워서 보았더니 유성보다 난간과 풀들이 더 인상적이었다. 그래도 페르세우스 델타별을 중심으로 유성들이 퍼져나가는 것은 확실히 알 수 있었다. 2시간 동안 35개 관측 성공! (조강욱, 흰 종이에 수채 색연필, 2013)

지 않았다는 슬픈 사실. 나는 그 뒤로 행운이라는 것을 믿지 않게 되었다.

 필자는 지금까지 수천 개의 유성을 보았다고 얘기했는데,

그중의 절반 이상을 하룻밤에 보았다. 2001년 11월 18일, 33년 주기의 사자자리 대유성우가 전 세계에 걸쳐서 지구의 밤하늘에 유성 폭탄을 퍼부었다. 도저히 한 개 두 개 셀 수가 없는, 비처럼 내리는 유성우는 밤새도록 쉼 없이 계속되었다. 대략 3초당 1개씩, 각종 색깔, 다양한 밝기와 궤적으로 쉼 없이 쏟아지는 하늘의 불꽃놀이에 밤새 소리만 지르다 목이 쉬어 비명도 나오지 않는 지경이 되었다.

한 가지 안 좋았던 점은, 2001년 사자자리 대유성우를 경험하고 난 이후에 유성우에 대한 관심이 싹 사라져버렸다는 것이다. 무엇을 본다 해도 이것보다 잘 볼 수는 없을 것이기 때문이다.

사자자리 유성우의 모혜성은 33년마다 태양을 공전하는 템펠-터틀 혜성이다. 이 혜성이 태양 근처를 스치고 지나간 직후, 지구가 이 궤도를 처음으로 교차하여 통과하는 순간이 다음번 사자자리 유성우가 쏟아져 내리는 날이다. 2001년 + 33년 = 2034년, 2034년에 또 한 번의 진짜 '우주쇼'를 볼 수 있도록 항상 몸 건강, 눈 건강 잘 챙기시기를 기원한다.

은하수를 실제로
보고 싶어요

　밤하늘에서 사람들을 가장 압도하는 장면은 무엇일까? 강렬한 이미지로는 개기일식과 오로라가 제일 먼저 생각나지만, 개기일식은 몇 년에 한 번씩만 지구상의 특정 장소에서 낮에만 볼 수 있고, 오로라는 북극권까지 가야만 볼 수 있는 현상이니 이 둘을 제외한다고 하면, 모든 사람들에게 "아!" 하는 낮은 탄성이 나오게 하는 첫 번째 대상은 무엇일까?

　별들이 초롱초롱한 밤하늘도 물론 멋지지만, 역시 최고는

■ **코스모스와 은하수** (박정원/초롱, 2020)

9. 은하수를 실제로 보고 싶어요

깨알 같은 별들이 줄지어 뿌려져 있는 은하수다(주근깨나 비듬 같다는 소수 의견도 있다). 10년 이상씩 별을 본 고수 별지기들에게 가장 좋아하는 천체가 무엇인지 물어본다면, 신기하게도 '은하수'라는 답이 많이 돌아온다. 필자의 답도 다르지 않다. 맑은 여름밤, 하늘을 가로지르는 거대한 빛의 다리는 영원한 경외의 대상이다.

그럼 은하수는 뭘로 봐야 하나? 쌍안경? 아니면 망원경? 아니다. 은하수는 그냥 맨눈으로 봐야 한다. 하늘을 가로지를 만큼 거대하기 때문이다. 아주 어두운 곳에서 그냥 은하수 부분의 하늘을 응시하기만 하면 되는 것이라 보기는 아주 쉽지만, 사실 현대 사회에서 별쟁이들을 제외하고 은하수를 직접 보았다는 사람은 많지 않다. '집 마당에 돗자리를 깔고 할머니 무릎을 베고 누워서 은하수를 감상하다가 잠이 들었다'는 옛날얘기는 아마도 1970년대까지는 실제로 가능했을 것 같다. 그러나 은하수는 아주 미약한 빛들의 집합이기 때문에 가로등, 광고 조명 등 밤에도 불빛이 밝아지면서 자취를 감추어버렸다. 은하수를 볼 수 있는 어두운 장소를 찾는 방법은 바로 다음 장에서 다룰 예정이다.

필자는 가끔씩, 칠흑같이 어두운 관측지에서 낮은 캠핑 의

■ **우리은하와 태양** (출처/www.jonlomberg.com)

자를 펼쳐놓고 반쯤 누워서 한참 동안 은하수를 감상하곤 한
다. 어떤 과학적인, 심오한 방법이 있는 것이 아니다. 그냥 멍하
니, 하염없이 그 깨알같이 뿌려진 보석들을 넋 놓고 구경하는
것이다. 은하수는 왜 그렇게 별이 많을까? 이유는 우리은하의
주변부에 위치한 지구에서 우리은하의 중심 방향을 보고 있는
것이기 때문이다.

위의 일러스트와 같이 우리은하는 직경 10만 광년, 두께
200광년으로 중심 부분만 살짝 볼록한 얇은 렌즈 모양의 나선

9. 은하수를 실제로 보고 싶어요

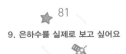

은하이다. 우리의 태양은 은하의 중심에서 한참(3만 광년쯤) 떨어진 나선팔 한 귀퉁이에 자리 잡고 있다. 그 태양계의 작은 행성에 살고 있는 우리가 은하의 중심 방향을 보게 되면 렌즈 형태의 볼록한 중앙 부분은 더욱 진하고 두껍게 보이고, 렌즈의 옆면에서도 중앙보다는 덜하지만 일렬로 늘어선 빛의 구름이 보인다.

우리은하의 중심 방향으로는 궁수자리와 전갈자리가 위치해 있다. 우리가 이 두 별자리를 감상할 때 항상 은하수의 화려한 자태가 배경으로 깔리게 되는데, 이는 이 별자리들이 운 좋게도 시선 방향으로 은하수 앞에 있기 때문에 특별해지게 된 것이다. 이 궁수·전갈이 여름철 별자리이므로, 은하수는 당연히 여름밤에 가장 잘 보인다.

궁수자리가 위치한 은하수의 가장 밝은 중심부를 보다가 눈을 들어 은하수가 흘러나가는 방향을 보면 은하수는 조금 더 흐릿해지고 얇아지지만 계속 흘러서 백조자리를 지나게 된다. 은하수를 날아가는 은은한 백조의 자태도 역시 탄성을 자아낸다. 여기의 분위기가 은은한 이유는 우리가 은하의 중심이 아니라 옆면을 보는 관계로 은하수를 구성하는 별들의 숫자도 줄어들었기 때문이다.

그렇다 하더라도 은하수 영역은 하늘의 다른 부분보다 월등하게 별의 수가 많다. 하늘의 다른 부분에 잔별들이 많지 않은 이유는 은하의 가장자리에 위치한 우리가 시선 방향으로 별들이 많이 깔려 있는 은하 중심 방향이 아닌, 렌즈형의 가장 얇은 위아래 부분을 보기 때문에 시선 방향의 보이는 별들 자체가 훨씬 적어지는 것이다.

그러면 은하의 중심 방향으로는 밝은 별들도 더 많이 보일까? 그건 아니다. 잔별의 숫자는 확실히 증가하지만, 밝은 별들은 전혀 관련이 없다. 왜냐하면 지구에서 육안으로 보이는 밝은 별들은 거의 대부분 500광년 이내의 아주 가까운 거리에 있는 별들이기 때문이다. 빛의 속도로 500년을 가야 하는 거리는 실로 엄청나게 먼 거리이긴 하지만, 지구에서 우리은하 중심까지의 거리는 무려 3만 광년이다.

우리은하의 지름이 대략 10만 광년인데, 우리가 탄성을 날리며 보는 밤하늘의 깨알 같은 별들이 은하수 방향을 제외하고는 겨우 반경 500광년 안의 별들을 보는 것이니 우리는 우리은하 안에서조차 단지 1% 정도에 불과한 별들만 보고 있는 것이다. 우리은하 하나만 보아도 이렇게 거대한데, 우주에는 1천

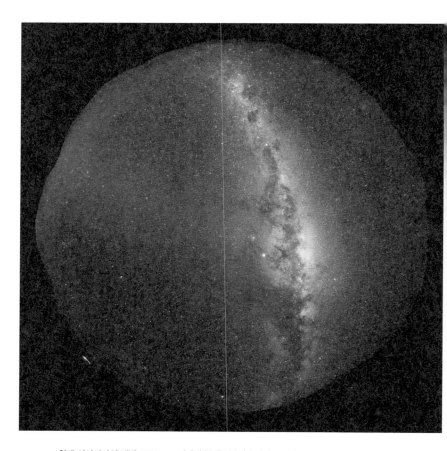

■ 칠레 아타카마의 해발 4000m 고지에서 본 은하수 (박대영, 2019)

억 개 이상의 은하들이 존재한다. 말 그대로 '천문학적인' 스케일이다.

한 가지 더, 은하수의 중심 부분에 위치한 궁수자리 방향은 우리나라에서는 그 고도가 그리 높이 올라오지 않는다. 하늘의 남쪽에 치우쳐 있는 별자리이기 때문이다. 그래서 궁수자리를 높은 고도에서 볼 수 있는 적도 이남 지역(호주, 남미 등)에서 은하수를 보면 은하수의 중심이 머리 위를 지나가는 놀라운 광경을 볼 수 있다. 높은 고도에서 보는 은하수는 더더욱 진하고, 수많은 섬세한 구조들이 드러난다.

어두운 밤하늘 아래 앉아서 은하수를 감상하면서 우리가 무엇을 보고 있는지, 그 의미가 무엇인지 알고 본다면 그 아름다운 은하수도 달리 보이게 된다. 은하수의 볼록한 중심을 응시하며 지구의 위치를 생각하면 평면으로만 보이던 은하수가 3차원상의 입체로 느껴지고, 이 거대한 우주 안의 인간의 존재 의미에 대해서 많은 생각을 하게 된다. 은하수는 그 실체를 알든 모르든, 그 자체로 경외의 대상이다.

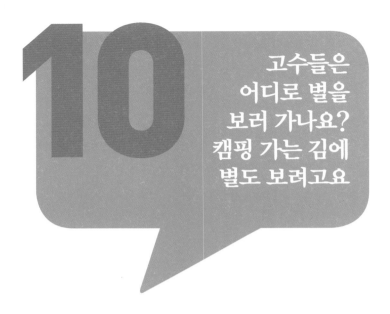

고수들은
어디로 별을
보러 가나요?
캠핑 가는 김에
별도 보려고요

하늘이 어두워야 별이 잘 보인다는 것은 상식적으로 쉽게 생각해볼 수 있지만, 그 하늘이 '얼마나' 어두워야 별이 볼 만한지는 초심자가 쉽게 가늠하기 어렵다. 여러분이 대도시에 살고 있다면, 맑은 날 하늘에 별이 몇 개나 보이는지 하나둘 세어볼 수 있다. 어지간해서는 20개를 넘길 수가 없을 것이다. 도시의 광공해 때문이다.

이 광공해 또는 광해는 별 보는 사람들의 주적이다. 불빛이

■ 별지기들이 구름만큼 싫어하는 것─광해!

밝으면 밝을수록 별의 개수는 그에 반비례해서 적어진다. 서울
과 같은 대도시에서는 어디를 가더라도 가로등이나 옥외 광고
등 야간 조명을 피할 수가 없다. 눈에 직격으로 들어오는 가로
등을 용케 피했다고 하더라도 그 빛은 사방으로, 하늘 위로 퍼
져 올라가서 밤하늘을 온통 희뿌옇게 만든다.

　　맑은 날 도시에서 밤하늘을 보면 무슨 색으로 보일까? 그
색은 검은색이 아니라 '팥죽색'에 가깝다. 수많은 조명이 하늘
에 반사되어 붉게 빛나는 것이다. 이런 와중에 미약하고 섬세

한 별빛들이 무사할 리 없다. 아주 밝은 별들만 애처롭게 빛날 뿐, 2등급 미만의 별들은 어지간해서는 그 흔적조차 찾을 수 없다. 그러면 도시를 살짝 벗어나보면 어떨까? 필자가 살던 서울의 경우도 도시 근교로 조금만 나가면 한적한 공원이나 전원 느낌의 동네를 쉽게 만날 수 있지만, 밤에 하늘을 보면 도시 방향의 하늘은 여전히 팥죽색으로 뿌옇게 빛난다. 야간 조명의 빛은 온 하늘에 방사형으로 퍼져나가기 때문이다. 그리고 아무리 외진 곳이라도 사람이 사는 곳은 어디에나 가로등이 달려 있어서, 한적한 시골에서도 넓은 평지에서 눈에 직격으로 들어오는 가로등을 피하는 것은 한국에서 쉽지 않은 일이 되었다. 이것은 꼭 서울, 부산 등의 대도시만의 문제가 아니다. 사람이 모여 사는 곳에는 불빛이 있기 마련이고, 그 불빛의 세기만 다를 뿐, 온 하늘이 훤하게 밝아지는 돔 모양의 광해는 대한민국 어디서든 거의 피할 수가 없다.

　그럼 어디로 가야 별도 보고 은하수도 볼 수 있을까? 아래 몇 가지 중요한 포인트를 짚어본다.

1. 도시에서는 무조건 멀리

　도시의 불빛은 도심을 중심으로 방사형으로 퍼진다. 지도를 보면서 여러 도시들과 가장 멀리 외떨어진 지역을 찾아본다. 필자의 처갓집이 있는 울산을 예로 들어보면, 울산은 북으로는 경주, 남쪽은 부산이 있어서 위 아래 방향으로는 어딜 가도 뿌연 하늘을 벗어날 수 없다(둥그렇게 올라오는 도시의 광해를 영어로는 Light Dome이라고 한다). 동쪽의 해변은 울산 도심과 너무 가까워서 가망이 없고, 오징어잡이 배들의 환한 불빛도 한몫을 거든다. 답은 하나. 서쪽 방향을 보면 밀양과 경산 사이에 산악지형이 위치하여 큰 도시가 보이지 않는다. 이곳에 위치한 가지산과 신불산은 실제로 경남지역 별지기들이 자주 찾는 장소다.

2. 시야가 넓게 확보되는 장소를 찾는다

아무리 어두운 곳이라도 큰 나무나 산으로 시야가 가려지면 감흥도 떨어지고 시원시원하게 별을 찾기도 어려워진다. 한국의 관측지들은 대부분 도시에서 떨어진 산지가 될 수밖에 없어서, 지도상으로 위치는 좋아 보여도 실제 가보면 나무들이 너무 높거나, 장소가 협소해서 주변 지형지물로 시야가 가리는 경우가 아주 많다. 산 정상에 올라가면 시야는 넓어지겠지만, 차로 접근할 수 없다면 꽝(보통은 무거운 장비를 차에 싣고 별을 보러 가는 관계로, 별을 보기 위해 등산을 하는 경우는 거의 없다). 산 중턱이나 고

개 정상에 위치한 넓은 공터, 천문대 주차장 등도 좋은 장소가 된다.

3. 밝은 불빛에 직격으로 노출되지 않도록 위치 선정

사실 대한민국 어디를 가더라도 야간 조명의 영향을 완벽하게 피하는 것은 거의 불가능하다. 차로 갈 수 있는 도로가 놓여 있는 곳이면 거의 모든 곳에 사람이 살거나, 하다못해 무인 시설이라도 위치한다. 특히 별쟁이들은 첩첩산중의 장소들을 애용하는 관계로, 경치 좋은 곳에 위치한 리조트 조명이나 인근 산간 마을의 불빛을 쉽게 목격할 수 있다. 특히 겨울에는 야간 개장을 하는 스키장의 불빛에 산능선이 훤히 밝아져서 자동으로 욕이 나오게 된다. 좁은 국토를 효율적으로 활용해야 하는 대한민국의 특성상 어느 정도의 광해는 감수해야 하지만, 무조건 피해야 하는 것은 눈에 직격으로 들어오는 밝은 빛이다. 시골 마을의 가로등이나 민가의 불빛이 그것이다. 멀리서 하늘로 반사되어 보이는 불빛은 밤하늘 별들의 수를 줄이겠지만, 시야에 바로 보이는 가로등은 내 눈의 암적응을 방해해서 아무것도 할 수 없게 만든다.

4. 위성 지도 활용

구글맵 등의 전자지도를 통해 정교한 위성사진을 확인할 수 있고, 거리뷰 기능으로 바로 그곳에 있는 것처럼 미리 답사해 볼 수도 있다. 필자는 새로운 관측지를 찾을 때, 구글맵 위성사진으로 우선 쭉 훑어보고 괜찮겠다 싶은 곳을 거리뷰로 보며 이 잡듯이 뒤진다. 전 세계 어디든 현지인보다 더 잘 찾을 수 있다.

사실 위 조건을 모두 만족하는, '큰 도시들에서 충분히 멀리 떨어져 있고, 인근에 인공 불빛이 없으며, 시야가 탁 트여 있는 고지대의 넓은 평지'는 쉽게 찾기 어려운 것이 당연하다. 그러나 꼭 그런 이상적인 환경이 아니더라도 이 조건들을 생각하며 별 보는 장소를 찾아보면 이전보다 훨씬 더 많은 수의 별을 볼 수 있다.

그럼 골수 별쟁이들은 어디로 별을 보러 가나? 어디로 별을 보러 가는지는 각 천체관측 동호회의 일급비밀이다. 조건 좋은 장소가 공개될 경우, 별지기 외의 불청객들이 관측지를 망가뜨린다. 관측지의 에티켓을 철저하게 무시하고, 다른 사람들의 관측을 방해하는 행동에 지친 별지기들은 '진상' 불청객들을 방지하기 위해 동호회 '진성' 회원 외에는 관측지를 공개하지 않

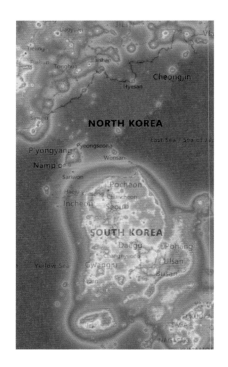

■ 그날이 오면…

는 것으로 방향을 정했다
(이 에티켓이 무엇인지는 다음 장
에 이어 나오는 별지기 졸음쉼터
④에서 다뤄보겠다).

　한국 최고의 관측지들
을 20년이 넘게 다녔던 필
자도 한국을 떠난 지 몇 년
지나니 이젠 별쟁이들이
다니는 근래의 특급 관측
지들이 어디인지 알 수 없
는 지경이 되었다. 우선 공
개되어 있는 관측지 정보
를 참조해서 집에서 가까
운 관측지부터 하나씩 다
녀보자. 국내 최대 천체관
측 동호회인 네이버 카페 '별하늘지기'의 '관측지 문의 및 정보'
게시판에서 자신이 살고 있는 지역의 적당한 관측지들을 찾아
볼 수 있다. 또한 동호회 활동을 활발히 하다 보면 회원들과의
교류를 통해 자연스럽게 좀 더 좋은 환경의 관측지들을 알게

될 것이다.

　천체관측 동호회의 신규 회원 중에 꽤 많은 분들이 '캠핑을 자주 하는데 별도 보고 싶다'는 소망을 가지고 있다. 도시에서 멀리 떨어진 캠핑장이라면 광해는 확실히 덜하겠지만, 본인 텐트 앞에서 별을 보기에는 캠핑장 자체의 불빛들(캠핑장 시설의 야간 조명, 다른 텐트의 취침등 등)이 많이 거슬릴 수밖에 없다. 캠핑장 내에서 별을 보려면 불빛에 직격으로 노출되는 곳을 최대한 피해서 자리를 잡아야 하고, 좀 더 잘 보려면 캠핑장에서 조금 떨어진 곳을 낮에 미리 찾아보는 것을 추천한다.

　왼쪽의 사진은 위성으로 찍은 밤하늘 광해 지도이다. 전 세계 모든 지역의 광해 수준을 나타내는 지도가 인터넷상에 무료로 공개되어 있으니 www.lightpollutionmap.info로 접속하여 자신이 살고 있는 지역 인근을 찾아보자. 어디로 가야 녹색(광해가 적은 곳)에 갈 수 있는지 명확한 답을 찾을 수 있다. 이 와중에 북한 지역은 평양 시내 중심을 제외하면 전 국토가 집 현관문 열고 나가면 바로 강원도급 하늘이 펼쳐질 정도라, 언젠가 통일만 된다면 아마도 관측지 찾는 걱정은 당분간은 하지 않을 듯하다.

11

처음 별 보러 가려고 하는데 언제 가는 게 좋나요? 뭘 준비해야 하나요?

별 보러 갈 장소를 정했다고 해서 아무 때나 별을 볼 수 있는 것은 아니다. 멋진 별빛을 맞이하기 위해서는 날짜를 정하는 것도 장소 선정만큼 중요하다. 앞장에서 별쟁이의 적인 광해에 대한 얘기를 했는데, 밤하늘에는 천연 가로등(?)이 하나 있다. 바로 달이다. 한적한 야외에서 보름달이 떠 있는 것을 보았다면, 휘영청 밝은 달빛으로 인해 내 그림자가 생기는 것도 보았을 것이다. 그림자가 생길 정도의 밝은 빛이라, 보름달이 뜬 밤은 온 하늘이 가로등 켜진 것처럼 뿌옇게 빛난다.

달의 위상이 변함에 따라 달빛의 세기도 달라지는데, 상현 반달부터 보름달을 거쳐 하현 반달까지는 눈부신 달빛으로 인해 별빛이 많이 어두워지고, 하현 반달 이후부터 그믐을 거쳐 상현 반달 전까지는 달이 있다고 해도 그 밝기가 견딜 만하고 초저녁이나 새벽하늘에서만 잠시 볼 수 있어서 관측에 크게 방해가 되지 않는다. 이 하현 그믐달부터 상현 초승달까지의 10일 정도의 기간을 '관측 주간'이라고 하는데, 보통 별쟁이들은 이 관측 주간에는 절대 주말 약속을 잡지 않고 별 보러 갈 날을 기다린다(오늘의 달 위상이 어떤지는 음력 날짜를 보면 쉽게 알 수 있다).

미리 별 보는 날을 택일할 수 있으면 좋으련만, 우리가 제어할 수 없는 큰 변수가 하나 있다. 아무리 어두운 하늘에서 밤을 맞이한다 해도 날이 흐리거나 비가 오면 아무것도 할 수가 없다. 기상 상황은 일기예보를 통해 미리 파악할 수는 있지만, 날씨는 항상 유동적이라 80% 이상의 확률로 별 보러 갈 만한 맑은 날을 예측하려면 아무리 빨라도 하루 이틀 전이 되어야 대략 알 수가 있다. 관측 주간이 되기 전부터 중장기 예보를 보며 며칠 즈음이 날이 좋을지 감을 잡고 있다가, 디데이가 가까워져오면 시간대별 예보를 수시로 점검하면서 확실한 날인지 확인해야 한다.

보통 시간대별 예보는 48시간 동안의 매시간 구름 상황이 아이콘으로 표시되며, '맑음' 아이콘이 보이면 완벽하겠지만 '구름 조금' 정도는 그래도 봐줄 만하다.

한 가지 더, 출발 당일은 좀 더 높은 확률로 밤하늘 기상을 예측할 수 있다. 기상청에서 제공하는 위성사진 서비스인데, 거의 실시간으로 2분 간격으로 제공되는 구름 영상을 동영상으로 돌려보면 현재 한반도 어느 지역에

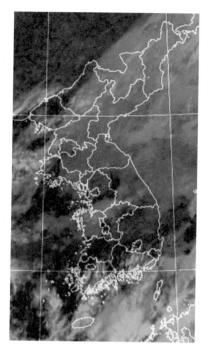

■ 실시간 구름 사진

구름이 있는지, 방향은 어느 쪽으로 흘러가는지 정확히 확인할 수 있다. 만약 놀러 가는데 별도 보고자 하는 정도라면 그냥 가면 되지만, 오로지 별을 보기 위해 가는 것이라면 시간별 예보나 위성사진이 암울할 경우 출발하지 않는 것이 시간과 기름값

을 절약하는 방법이다.

쏟아지는 별빛을 가볍게 감상하고자 한다면 망원경 등의 전문 장비는 필요가 없다. 대신 꼭 필요한 것은 추위를 견딜 방한 장비들이다. 관측지의 밤은 도시의 밤보다 훨씬 더 춥다. 보통은 지대가 높은 고개나 산속으로 가게 되기 때문에, 여름밤이라 해도 가볍게 반바지에 슬리퍼를 끌고 나갔다가는 10분도 못 견디고 집에 가고 싶을 수가 있다. 별을 보러 야외에 나간다면, 여름이라면 가을철 옷차림을, 봄이나 가을이라면 겨울철 옷차림을 준비하는 것이 좋다. 겨울에 나간다면 본인이 입고 걸칠 수 있는 최대한의 옷과 담요, 방한용 부츠 등을 준비하자.

필자는 극지 탐험가용으로 시판되는 아주 두껍지만 가벼운 다운재킷과 오버트라우저(바지 위에 덧입는 옷), 극지용 설상화를 사시사철 항상 가지고 다닌다. 추우면 입고, 더우면 벗으면 된다. 기온에 비해서 옷차림이 부실하게 되면 우선 손, 발, 귀 같은 말단 부위부터 시려오고, 점점 온몸으로 추위가 전달되어 바들바들 떨리게 된다. 이 상태가 되면 아무리 날씨가 맑아도 별은 뒷전이고 빨리 집에 가고만 싶어질 뿐이다. 어차피 차에 싣고 가는 것이니 옷은 과하다 싶을 정도로 충분히 준비하

11. 처음 별 보러 가려고 하는데 언제 가는 게 좋나요? 뭘 준비해야 하나요?

는 게 좋다. 여기에 부수적으로 흔들어 쓰는 일회용 핫팩으로 손을 녹이고, 두꺼운 장갑에 양말은 두 겹 정도 신고, 군밤장수(?)용 털모자나 비니를 써서 머리 부위를 따뜻하게 만들고, 보온병에 따뜻한 물이나 음료를 충분히 준비해서 마신다면 어지간해서는 추위 걱정은 하지 않게 된다.

필자가 가지고 다니는 방한 장비들이 궁금하실 텐데, 다운재킷은 필파워 800인 마운틴하드웨어 구스다운, 블랙야크 히말라얀 익스트림 오버트라우저, 배핀 −100℃ 스펙의 설상화가 핵심이다. 브랜드가 중요한 것은 절대 절대 아니다. 최고로 따뜻하고 가벼운 것이 중요하다. 이 정도 사양의 제품들은 가격이 100만 원을 훌쩍 넘지만, 봄에는 상설할인매장 등에서 아주 싸게 살 수도 있다(필자도 각각 20~30만 원 정도로 구매했다).

가장 중요한 보온 장비를 준비했으면, 다음 페이지에서 설명할 암등 외의 나머지는 모두 옵션이다. 편하게 앉거나 누워서 별을 볼 수 있는 캠핑 의자나 매트를 준비하고, 좋은 음악이 있으면 이보다 좋을 수 없다. 별자리 지도 프로그램은 이 책에 소개한 '스텔라리움'이나 '스카이사파리'를 준비하고(졸음쉼터 5 참조), 남의 관측을 방해하지 않을 적당한 밝기의 전등(암등)은 바로 다음 페이지를 참조하자.

관측지에서 꼭 주의해야 할 에티켓은?

빛을 관리하는 방법

천체관측은 빛에 민감하다. 밝은 불빛은 밤하늘의 별들의 수를 줄일 뿐만 아니라 사람의 눈에도 작용해서 어두운 빛을 검출하는 능력을 현저하게 감소시킨다. 여러 사람이 모인 곳이 아닌 자신만의 장소에서는 불을 켜든 끄든 자기 마음이지만, 별 보는 사람들이 모여 있는 관측지에서 가장 중요한 것은 첫째도 둘째도 삼백오십다섯 번째도 불빛을 관리하는 것이다.

한 사람이 밝은 불을 켜는 순간 그곳에 모인 사람들은 아무도 별을 볼 수 없다. 암적응이라는 현상 때문이다. 밝은 불빛에 익숙해져 있던 눈이 어두운 곳에 가면 점점 시신경의 감도를 높이며 어두운 물체의 명암을 더 잘 구분할 수 있게 되는데, 이것을 암적응이라고 한다.

관측지에 도착해서 처음 밤하늘을 보면 별이 생각보다 많이 보이지 않아서 살짝 실망스러울 수도 있지만, 조금만 인내심을 가지고 밝은 빛에 노출되는 것을 주의하면서 5분 정도 하늘을 응시하고 있으면 점점 더 별이 많이 보이는 기적을 체험할 수 있다. 그러다 밝은 불빛에 불의의 일격을 당하면 눈의 감도는 순식간에 급격하게 떨어지고, 또 한참을 기다려야 천천히 다시 감도가 올라온다(눈의 마법과 관련된 재미난 이론들은 이 책에서는 생략한다).

11. 처음 별 보러 가려고 하는데 언제 가는 게 좋나요? 뭘 준비해야 하나요?

그런데 그 깜깜한 데 가서 불빛도 없이 어쩌라는 것일까? 가장 일반적인 방법은 어두운 붉은색 랜턴을 이용하는 것이다. 붉은색 빛은 다른 파장의 빛에 비해서 암적응된 눈에 미치는 영향이 적어서, 천체관측에 이용하는 빛은 모두 붉은색이다. 천체관측 전용으로 나오는 밝기 조절이 가능한 암등을 구입하는 것이 가장 좋고[테코시스템의 듀얼라이트, 엑소스카이의 플래쉬라이트 등], 손가락만 한 작은 붉은색 LED 손전등을 구비해도 좋다.

한 가지 주의할 점은, 붉은색이라도 너무 밝은 랜턴은 다른 사람들의 암적응에 큰 방해가 될 수 있으므로 휴지 같은 것을 몇 겹 대서 밝기를 줄여야 하고, 적색 조명을 구하지 못했을 경우 조명 앞을 빨간색 사인펜으로 칠하거나 붉은색 필름을 덧대도 비슷한 효과를 볼 수 있다. 또한 머리에 쓰는 헤드램프는 태생적으로 너무나 밝아서, 관측용 조명은 손에 들고 다니거나 목에 걸고 다닐 수 있는 작은 사이즈의 휴대용 랜턴을 추천한다. 한 가지 비밀이 있다면, 한국에는 조명이 없으면 아무것도 보이지 않아서 움직일 수 없을 정도로 어두운 관측지는 거의 찾을 수가 없다는 슬픈 사실…. 별지기들이 많이 찾는 관측지에서 가장 큰 광해를 꼽자면 들고 나는 사람들의 자동차 헤드라이트 불빛이다. 간혹 민폐를 끼치지 않겠다고 라이트를 끄고 이동하는 차량을 볼 수 있는데, 아무리 별이 좋아도 안전이 먼저다. 어두워지기 전에 관측지에 도착할 수 있도록 시간 계획을 세우고, 만약 깜깜한 밤에 관측지에 도착하게 되면 신속하게 주차를 하고 최대한 빨리 시동과 조명을 꺼야 한다.

그 외에 지켜야 할 수칙들

1. 고성방가 음주가무 자제 자유롭게 별을 만끽하는 것은 멋진 일이지만 본인 사유지가 아니라면 관측에 집중하는 다른 사람들을 배려하는 마음으로 차분하게 밤하늘을 즐기자.

2. 호의를 베푼 별지기에게 관측지에 동호인들이 망원경으로 별을 보고 있다면 무엇을 어떻게 하고 있는지 유심히 지켜보고 물어보는 것이 큰 공부가 된다. 모두에게 초보 시절이 있었던 것처럼, 대부분의 별쟁이들은 입문자의 호기심에 관대하고 친절하다. 궁금한 것들을 해결하고 나서는 꼭 감사의 말을 전하자. 다만 너무 오랫동안 시간을 빼앗거나 무리한 요구는 자제할 것.

3. 머문 자리도 아름답다 관측지에 쓰레기나 담배꽁초가 쌓이거나, 지역 주민과의 갈등으로 인해 특급 관측지가 사라지는 경우가 종종 발생한다. 집에 가기 전에 본인이 남긴 물건이 없는지, 혹시 남이 미처 챙기지 못하고 간 것은 없는지 꼭 확인하자. 다음번에 또 이곳에서 별을 보기 위해서 말이다.

4. 최소한 진상은 되지 말자!

- 무섭다고 차량 실내등을 계속 켜놓고, 춥다고 차 안에서 장시간 히터를 틀어놓고 있는 사람 (불빛과 배기가스는 어디로?)
- 별 잘 보인다는 곳에서 기분 좀 내보겠다고 왁자지껄하게 오랫동안 술판을 벌이는 사람
- 사진 찍느라 연신 번쩍번쩍 카메라 플래시를 터뜨리는 사람
- 눈부시게 밝은 손전등을 여기저기 비추고 다니는 사람
- 남의 망원경을 전세 낸 듯 오랫동안 감놔라 배놔라 하는 사람

11. 처음 별 보러 가려고 하는데 언제 가는 게 좋나요? 뭘 준비해야 하나요?

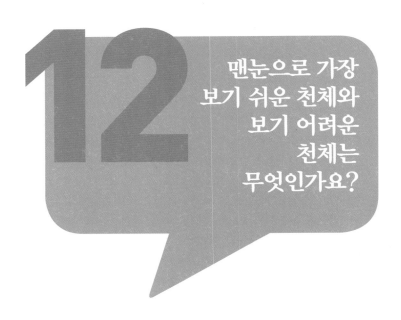

12

맨눈으로 가장 보기 쉬운 천체와 보기 어려운 천체는 무엇인가요?

　가장 보기 쉬운 천체는 물론 태양이다(태양도 물론 별이다). 하지만 태양은 역설적으로 너무 밝아서 제대로 보기는 상당히 어려운 별이기도 하다. 압도적인 밝기로 다른 별빛을 모두 사라지게 만들고, 태양 그 자체로도 눈이 부셔서 바로 쳐다보기도 어렵다. 선글라스를 쓰면 태양의 실제 크기가 얼마나 되는지 그제서야 가늠해볼 수 있다. 태양의 시직경은 0.5도로, 생각보다는 상당히 작다고 느낄 것이다. 태양 표면에서도 홍염, 표면

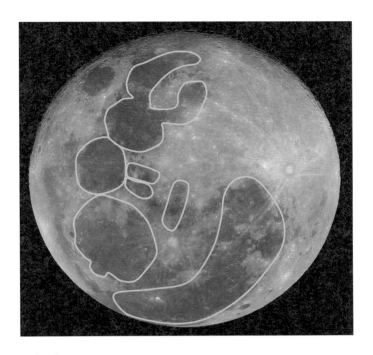

■ 달 토끼

의 무늬 등을 볼 수 있지만, 이를 보려면 태양 전용의 특수한 망원경이 필요하다(질문 24번 참조).

태양이 진 뒤에는 어떤 천체가 가장 밝을까? 두말할 것 없이 쟁반같이 둥근 보름달이 다음 순위다. 보름달에는 토끼가 살고 있다. 지구상에서 볼 수 있는 작은 토끼가 아니라 지구 지름의 1/4에 달하는 달의 크기에 거의 맞먹는 큰 토끼다. 방아를 찧고 있는 거대하지만 귀여운 토끼를 눈앞에 두고도 찾지 못하는 분들이 많아서 필자가 보름달 사진에 그림을 그려보았다. 절굿공이 부분이 조금 애매하긴 하지만, 보름달을 보며 한 번만 맞추어보면 앞으로는 안 보려고 해도 토끼 모양이 계속 보일 것이다.

달 토끼의 정체는 무엇일까? 달을 자세히 살펴보면 그냥 하얗게 밝은 것이 아니라 얼룩덜룩하게 어두운 부분들이 있다. 달의 '바다'라고 부르는 지형들로, 실제 달에 바다가 있는 것은 물론 아니고, 수십억 년 전 달의 화산 활동으로 인해 어두운 색을 가진 현무암 성분의 용암이 분출하여 달 표면에 넓은 평원을 만든 것이다.

태양이 지고, 압도적인 밝기의 달도 사라지고 나서야 겨우 별들의 세상이 펼쳐진다. 태양과 달을 제외하면 전 하늘에서 가장 밝은 천체는 금성이다. 공전궤도 상의 위치에 따라 조금씩 밝기가 변하기는 하지만, 금성은 해가 진 뒤 서쪽 하늘이나 해가 뜨기 직전 동쪽 하늘에서 최대 −4등급으로 눈부시게 밝게 빛난다(실제로 보았을 때 문자 그대로 '눈이 부신' 대상은 태양뿐이지만). 너무나 밝아서 인공위성이나 UFO로 자주 오해를 받는 금성을 어떻게 찾는지는 질문 14번에서 다루도록 하겠다.

이 장에서 계속 '천체'라는 용어를 사용한 이유는, 달이나 금성은 엄밀한 의미의 '별Star'이 아니기 때문이다. 별은 스스로 자신을 태우며 빛을 내는 태양 같은 천체를 말하고, 달이나 금성, 지구 등 스스로 빛을 내지 못하는 돌덩어리들은 정확히는 별이라 부르기 어렵다. 그럼에도 불구하고 달과 행성들을 잘 볼 수 있는 이유는 이 아이들이 태양 빛을 반사해서 밝게 빛나기 때문이다.

그렇다면 '별' 중에 가장 밝은 별은 무엇일까?

큰개자리에 위치한 '시리우스Sirius'라는 별이다. −1.5등급에 이르는 시리도록 밝은 시리우스는 살짝 푸른빛이 감도는 청백색의 별이다. 유독 밝은 별이 많은 겨울철 별자리에서도 가장 밝은 창백한 색감의 별이라, 스산하고 청명한 겨울밤과 잘 어울린다(물론 여름철만 빼곤 매일 밤 볼 수 있다). 한국과 중국에서는 천랑성天狼星이라 불리고, 서양권에서는 큰개자리의 Alpha 별이라 'the Dog Star'라고 불린다.

두 번째 밝은 별인 용골자리 카노푸스Canopus는 당연히 두 번째로 잘 보일 것 같지만, 아이러니하게도 한국에서 가장 보기 어려운 도전 대상 중의 하나가 되었다. 카노푸스는 −0.7등급의 아주 밝은 별이지만 천구의 남쪽에 치우쳐 있어서 높이 뜨지 않는다는 게 문제다. 한국에서 카노푸스를 보려면 겨울에 제주도에 가거나, 남해안 인근의 높은 산에 올라야 한다. 하늘이 아주 맑고 남쪽 시야가 탁 트여 있다면 남쪽 수평선 바로 위로 카노푸스가 위치한 것을 찾을 수 있지만, 천체관측 동호회에 카노푸스를 봤다는 것 자체로 기뻐하고 축하해주는 글이 종종 올라오는 것을 보면 절대로 쉽지 않은 대상이다.

예로부터 이 별이 노인성老人星이라 불렸던 것은 이 별을 볼 정도로 운이 좋은 사람은 장수할 수 있다는 뜻이 담겨 있고, 실제로 조선 시대에 제주도로 발령받은 높으신 분(현재 도지사급)들이 노인성을 보려고 시도했다는 얘기들을 여럿 찾아볼 수 있다(안타깝게도 성공했다는 기록은 찾지 못했다).

필자가 사는 남반구의 뉴질랜드 오클랜드에서는 카노푸스가 하늘 높이 떠서 언제나 밤새도록 하늘에서 볼 수 있다. 한국에서 북쪽 하늘의 별자리들이 사계절 내내 보이는 것과 같은 원리이다. 매일 매일 노인성을 보고 있노라면 대체 내가 얼마나 오래 살려고 이러는 것일까 가끔 걱정이 되기도 한다.

태양에서 두 번째로 가까운 행성인 금성이 저녁과 새벽하늘에 눈부시게 빛나는 반면, 가장 가까운 행성인 수성은 태양에서 너무 가까이 위치한 죄로 아주 보기 어려운 행성이 되어버렸다. 수성의 밝기 자체는 꽤 밝지만, 문제는 이 하얀 점 하나를 밤하늘이 아니라 일출·일몰 시의 어슴푸레한 하늘 안에서 찾아야 한다는 것이다. 필자도 별을 보기 시작한 지 10여 년 만에야 처음으로 성공할 수 있었다. Sky Safari나 Stellarium 등의 밤하늘 시뮬레이션 프로그램으로 정확한 시간과 방위를 확인하고 시도해보자.

마지막으로 소개할 도전 대상 하나는 바로 달이다. 보름달은 밤하늘의 가장 밝은 대상이지만, 반대로 음력 초하루 달과 그믐날 마지막 달은 말도 안 되게 보기 어려운 아이들이다. 수성과 같이 태양에 아주 가까이 붙어 있기 때문이다. 아주 맑은 날, 일출 또는 일몰 방향의 하늘이 지형지물에 가리지 않는 시야가 탁 트인 곳에서 정확한 시간과 위치를 확인하고 기다려야 한다. 저녁 하늘의 얇은 초승달은 그래도 본 사람들이 꽤 많지만 아주 아주 얇은 눈썹 같은 음력 초하루나 초이틀 달을 직접 본 사람은 거의 없을 것이라 장담한다. 별쟁이들조차 한 번 보

12. 맨눈으로 가장 보기 쉬운 천체와 보기 어려운 천체는 무엇인가요?

■ **월령 1일 초승달, 은평구립도서관에서** (조강욱, 갤노트4 & 터치펜, 2016)

■ **월령 28일 그믐달, 울산 미호 저수지에서** (조강욱, 갤노트4 & 터치펜, 2014)

고 싶어서 몇 번씩을 실패하며 기다리는 아이들이기 때문이다 (실패하면 한 달을 또 기다려야 한다는 것이 가장 힘든 점이다).

해가 진 직후에 아직 밝은 하늘에서 찾아야 하는 월령 1일 초승달보다 더 어려운 것은 월령 28일 그믐달이다. 이건 새벽에 일출 직전에 동쪽 하늘에 살짝 올라오는 관계로, 새벽 일찍 일어나는 부지런함과 추위와 졸음을 견디며 달이 보일 때까지 버틸 인내가 필요하다.

이렇게 보기 어려운데 뭐하러 그렇게 힘들게 볼까? 어슴푸레한 노을 사이에서 그 가냘픈 달을 찾은 순간, 형언하기 어려운 아름다움에 자기도 모르게 "아!" 하고 낮은 탄성이 나올 것이다. 필자는 모든 월령의 달을 스마트폰 그림 앱으로 그렸는데, 초하루 달과 그믐날 달은 매달 실패에 실패를 거듭해서 거의 가장 마지막까지 남아 있었다. 간절히 매달 찾아다니다 결국 만난 그 모습은… 눈물이 날 정도로 아름다웠다.

12. 맨눈으로 가장 보기 쉬운 천체와 보기 어려운 천체는 무엇인가요?

13

달 위치와 모양이 매일 바뀌는 것 같아요

하늘의 달을 관심 있게 쳐다보면, 그 달의 모양과 위치가 매일 조금씩 변한다는 사실을 알 수 있다. 초저녁에 서쪽 하늘에서 잠시 보였다가 사라지는 초승달에서 시작한 달은 점점 커져서 며칠 뒤엔 상현 반달이 된다. 크기만 커질 뿐 아니라 달이 뜨고 지는 시각도 매일 약 50분씩 늦어져서 이젠 저녁 시간에 상현 반달을 하늘 높이 볼 수 있다. 지구가 자전하는 동안에도 달이 지구를 공전하고 있기 때문인데, 지구가 한 바퀴 자전하여 제자리로 돌아오는 동안 달도 가만히 있지 않고 열심히 지구를 돌고 있느라 위치가 매일 달라지는 것이다. 하루하루 달라지는 달의 모습을 필자의 그림으로 감상해보자(질문 13번의 모든 그림은 삼성 갤럭시 노트의 터치펜과 손가락으로 드로잉 앱을 이용하여 그 자리에서 직접 그렸다).

■ 용산 과학동아 천문대에서 (월령 3일)　　■ 서울 은평뉴타운 나뭇가지 위의 반달 (월령 7일)

상현을 넘은 달은 매일매일 점점 배가 불러온다. 달이 점점 크고 밝아지고 높이 뜨면서, 상현 반달 이후부터는 맑기만 하다면 위 그림과 같이 대낮에도 오후 시간에 하늘에 선명하게 달이 보인다. 달 토끼 또한 점점 더 모양을 갖추어나간다.

　하루가 다르게 차오르던 달은 결국 완벽한 동그라미가 된다. 보름달은 태양의 위치와 정반대편에 위치하여, 태양이 질

■ 오후 5시 반, 달이 벌써… (월령 11일)

■ 저녁 시간에 하늘 높이 떠 있는 달 (월령 11일)

때쯤 떠올라서 밤새도록 보이다가 태양이 동쪽에서 떠오를 때가 되어서야 서쪽으로 지게 된다. 보름달이 떠오르는 순간은 일출이나 일몰과 비슷하게 달이 순식간에 솟아오르는 것처럼 보이고, 그 크기 또한 하늘 높이 떠 있을 때보다 훨씬 크게 보인다. 앞장에서 언급한 바와 같이 지상의 사물과 비교가 되어 실제 크기보다 더 크게 보이는 착시 현상이다.

달은 살짝 타원형인 궤도로 지구를 돌고 있으므로, 달이 지구에서 조금 가까울 때는 더 크게, 조금 멀 때는 더 작게 보이는 것이 맞다. 이와 관련하여 종종 언론에서 '슈퍼문'이란 제목으로 기사를 내는 것을 볼 수 있다. '7년 만의 가장 큰 달', '올해

■ 슈퍼문? 미니문? (월령 15일)

볼 수 있는 가장 큰 달'과 같은 자극적인 헤드라인을 주로 쓰는
데, 실제 밤하늘에 뜬 보름달을 보고 "아, 이건 정말 크네. 슈퍼
문이 확실해"라고 자신 있게 얘기할 수 있는 사람은 거의 없다.
이른바 슈퍼문과 미니문은 사진으로 찍어놓으면 그 크기를 정
확하게 비교할 수 있지만, 따로 비교할 사물이 없는 하늘 높이
있는 달을 육안으로 보고 작은 달인지 큰 달인지 구분하는 것
은 어려운 일이다. 필자보고 맞추라고 해도 절대 못 맞출 것이
다(한 가지 함정은, 별쟁이들은 보름달이 뜨면 하늘을 볼 일이 없다는 것).

　　보름달이 지나면 달은 점점 홀쭉해지고 뜨는 시각도 더 늦
어져서, 해가 진 뒤 한참 뒤에 떠올라 아침까지 하늘에 남아 있

13. 달 위치와 모양이 매일 바뀌는 것 같아요

■ 출근하다 말고 그림 한 장 (월령 22일)

■ 회사 출근 버스 안에서 (월령 19일)　　■ 필자가 묻지마 새벽 산행을 한 이유는… (월령 27일)

게 된다. 필자의 보름달 이후 그림들이 모두 출근 시간에 그려진 것만 보아도 알 수 있다(그 바쁜 출근길에 멍하니 서서 그림을 그리고 있을 정신이 있었다니… 정상이 아닌 게 확실하다).

하현 반달이 새벽하늘에 등장하고 달이 점점 가늘어지면서 그믐을 향해 가면, 달 뜨는 시각 또한 점점 일출 시각과 가까워져간다. 이건 달 보기가 더 어려워짐을 의미한다. 그믐에 가까운 달은 해가 뜨기 얼마 전에야 떠오르기 때문에 날이 밝아지면서 곧 자취를 감추게 된다.

필자는 월령(음력) 27일 달을 보기 위해 몇 번을 실패하고 나서 새벽 5시에 남산에 올라서 겨우 보았다. 파란 하늘에 걸려 있는 이 희미한 달을 아무런 정보 없이 우연히 마주하기는 쉽지 않을 것이다. 그리고 월령의 첫달과 마지막 달을 보는 것은 앞장에서 설명했듯이 초인적인(?) 노력이 필요하다.

앞의 그림들은 필자가 북위 37도에 서식하던 당시에 그린 그림들이다. 현재는 정반대 위도인 남위 37도에 살고 있는 관계로, 달의 위상도 좌우가 바뀌어서 보인다.

만약 달 사진을 보면서 이게 상현인지 하현인지 헷갈린다면(비밀인데… 필자도 평생 헷갈리는 부분이다), 오른손 손바닥을 살짝 구부려보자. 손등의 뼈 부분 쪽이 볼록하게 나오는 부분이 상현달의 둥그런 부분이다. 반대로 왼손을 구부려서 둥글게 만들면 그 모양이 하현이다. 남반구에서 본다면 오른손과 왼손을 반대로 생각하면 된다.

다음 페이지의 바다 위로 떠오르는 그믐달 사진을 보면 눈

13. 달 위치와 모양이 매일 바뀌는 것 같아요

■ 남반구에서 보는 설 다음날 초승달 (월령 1일)

■ 바다 위로 떠오르는 그믐달 (월령 27일)

썹 같은 달 위로, 하늘색보다 짙은 색으로 희미하지만 정확하게 보름달 같은 모양을 찾을 수 있다. 지구조Earthshine라는 현상인데, 달 표면에 도달한 태양빛이 지구로 반사되어 눈썹달이 보일 때, 지구로 도착한 그 달빛의 일부가 다시 달까지 반사되어 달의 어두운 부분을 아주 미약하게 비추는 것이다.

필자는 아주 얇은 달 그 자체를 보는 것을 너무나 좋아한다. 그게 보인다는 것은 하늘이 맑고 달빛이 밝지 않아 별 보기 좋은 날이라는 의미임과 동시에 지구조의 그 오묘하고 기가 막힌 색감을 즐길 수 있기 때문이다. 지구조는 아주 맑은 날 초저녁이나 새벽녘에 눈썹달이 떴을 때 도시에서도 (가로등만 피한다면) 쉽게 잘 보이는 모습이지만, 실제 이걸 목격한 사람은 많지 않다. 지구조의 존재 자체를 모른다면 누가 설명해주기 전까지는 눈여겨볼 생각을 하지 않기 때문이다. 아는 만큼 보인다! 천체관측의 가장 중요한 진리 중 하나인 이 말을 꼭 기억해두자.

이슬람을 믿는 국가들은 국기부터 모스크, 각종 문양 등에 초승달을 상징으로 쓰는 경우가 아주 많다. 이는 이슬람교의 창시자인 무함마드가 622년에 메카에서 박해를 피해 메디나로 피신하며 보았던 초승달을 기념하기 위한 것이다(근데 사실 이슬람 국가의 달 모양은 초승달이 아니라 대부분 그믐달 모양이다). 필자는 종교적 의미와 관계없이 초승달을 참 좋아한다. 심미적인 이유 외에도 초승달은 앞으로 차고 넘칠 일만 있을 테니 말이다. 여러분의 인생도 초승달같이 되시기를 멀리서 기원한다.

14

태양계 행성들은 어떻게 찾나요?

'수금지화목토천해명' 필자와 같이 1990년대에 중고등학교를 다녔던 세대들은 행성들의 이름과 순서를 기억할 것이다. '명왕성'까지. 안타깝게도 그중 명왕성은 2006년 행성의 지위를 상실해서 현재는 '수금지화목토천해'까지 8개만 행성으로 인정받고 있다. 명왕성이 행성 클럽에서 쫓겨난 이유는 2005년에 명왕성보다 더 큰 소행성이 발견되었기 때문이다. 천문학자들은 이 커다란 소행성을 10번째 행성으로 넣어줘야 하나 말아야 하나 고민하다가 아예 명왕성까지 같이 구조조정을 해 버렸다.

행성^{行星}이란, 단어의 뜻에서도 알 수 있듯이 움직이는 별이란 뜻이다. 지구의 자전과 공전에 의해 어차피 모든 별은 뜨고 지며 계절에 따라 위치가 달라지는 것 아닌가? 라고 생각할 수 있겠지만, 행성들의 움직임은 일반적인 별들과는 많이 다르다. 하룻밤 사이에는 다른 별들과 같은 속도와 방향으로 뜨고 지는 것처럼 보이지만 한 달 두 달, 또는 1년 2년씩 행성의 위치를 살피다 보면 그 행성이 위치한 별자리가 항상 달라짐을 알 수 있다. 예를 들면 2022년에는 물고기자리에 있던 목성이 2023년에는 양자리에, 2024년에는 황소자리를 지난다. 이 정도면 하늘을 천천히 가로지르고 있다고 하는 것이 적당한 표현일 것이다. 매년 거의 같은 위치에서 보이는 '보통' 별들은 움직이지 않는다는 의미로 '항성^{Fixed Star}'이라고도 부른다.

지구보다 태양에 가까이 있는 두 개의 행성, 수성과 금성은 질문 12번에서 언급한 바와 같이 태생적으로 항상 태양 근처에서만 보일 수밖에 없다. 이 내행성들, 특히 금성은 태양의 어디쯤을 공전하고 있는지에 따라 보이는 위치가 달라진다. 어떤 날은 저녁에 해가 지고 나서도 아직 푸른 서쪽 하늘에 찬란하

D-Day, The Decisive Moment
between Cloud

21 Dec 2020 9.15 pm
Hobsonville, Auckland, New Zealand
Andy Cho 조강욱 Wright(?)

■ 400년 만에 가장 가까이 접근한 목성과 토성-그림 좌상단의 두 점 (조강욱, 2021)

게 빛나고, 얼마 뒤에는 점점 태양에 가까워지면서 거의 눈에
띄지 않다가 어느새 이른 새벽 동트기 전 동쪽 하늘에 다시 모
습을 드러낸다.

필자는 지구과학을 암기과목으로만 배웠다. 금성 수성은 동
초서 서새동(동방최대이각 초저녁 서쪽 하늘, 서방최대이각 새벽 동쪽 하늘)
밖에 기억이 나지 않는다. 내합 외합 하는 재미없는 복잡한 얘
기는 접어두고 그냥 한 번 찾아보자! 오늘 금성과 수성이 몇 시
에 어디서 뜰지는 125페이지의 '스텔라리움Stellarium' 프로그램
을 참조하면 된다.

수성·금성·지구를 지나 외행성으로 눈길을 돌려보면, 우선 순서대로 화성 목성 토성이 있다. 하지만 잘 보이는 순서는 행성의 실제 크기 순서로, 목성 〉 토성 〉 화성 순으로 밝게 보인다. 목성은 금성보다는 어둡지만 지구와의 거리에 따라 −2등급에서 −3등급 사이로 보이므로, 가장 밝은 '항성'인 시리우스보다 더 밝은 천체다. 매년 목성의 위치를 보다 보면, 황도 12궁 별자리를 1년에 하나씩 건너가는 것을 알 수 있다. 만약 올해 목성이 전갈자리에 위치한다면, 12년 뒤에 다시 전갈자리에서 목성을 볼 수 있다. 목성의 움직임은 서양과 마찬가지로 동양에서도 중요하게 생각했는데, 하늘을 12등분한 12차(서양의 황도 12궁과는 조금 다른 개념)를 매년 한 칸씩 넘어간다고 해서 세성歲星이라고 불렀다. 제사 지낼 때 축문에 보면 항상 '유~세차維歲次~ ○년○월○일'로 시작하게 되는데, 이는 '목성의 차로 보았을 때 ○년○월○일에 드리는 제사입니다'라는 의미이다. 우리 조상들이 목성을 이렇게까지 생각했다니 약간 소름….

토성은 목성보다 더 먼 위치에서 태양을 공전하는 관계로, 지구에서 보는 움직임도 목성보다 더 느릿느릿하게 이동하는 것처럼 보인다(실제로 목성은 연간 30도, 토성은 12도씩 움직인다). 밝기는

−0.5등급에서 1등급 사이로 꽤 밝은 편이지만, 계절별 대표 별자리의 별들과 비슷한 밝기라 간혹 별자리를 헤아리다가 괜히 헷갈릴 때가 있다. 이들도 역시 정확한 위치를 Stellarium 프로그램이나 Sky Safari 앱으로 확인하고 찾아보는 것이 좋다.

2020년 12월, 400년 만에 목성과 토성이 가장 가깝게 보인다는 날을 손꼽아 기다렸다가 전후 며칠간 매일 관측하며 육안으로, 또 망원경으로 보며 앞 페이지에 실린 그림을 그렸다. 사실 실제 보면 별것 아니라고 생각할 수도 있지만, 천문 이벤트들을 놓치지 말고 봐둬야 하는 가장 큰 가치는, 지금 보지 않으면 다시 몇백 년을 기다려야 한다는 점이다.

화성은 지구에서 매우 가깝지만 크기가 목성이나 토성에 비해 작아서 밝기가 그리 돋보이지는 않는다. 다만 화성은 2년 주기로 지구와 매우 가까운 위치에서 궤도를 도는 관계로 2년에 한 번씩 아주 밝아진다. 원리는 옆의 지구와 화성의 공전 궤도 그림을 보면 금방 알 수 있다. 평소에는 1~2등급을 오가는 그저 그런 밝은 별이지만, 이 시기(근접, 충 또는 Opposition이라 한다)가 되면 화성은 −3등급이 되어 밤하늘의 가장 밝은 별이 된다. 거기에 색은 약간 무섭기까지 한 붉은색이다. 화성이 붉은

색으로 보이는 이유는 화성 대기와 토양에 분포되어 있는 산화철 성분 때문이다. 적색거성이 붉게 보이는 것과는 전혀 다른 원리이다. 화성은 이 붉은색 때문에 동서양 모두 안 좋은 이미지를 가지고 있다. 동양에서는 그 이

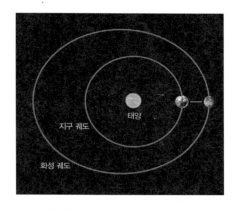

■ 화성 관측에는 때가 있다.

름 자체가 火星, 즉 불의 행성이고, 서양 문화권에서는 전쟁의 신 마르스^{Mars}의 이름이 붙어 있다. 화성처럼 붉은 별인 전갈자리 안타레스^{Antares}는 그 이름의 어원이 화성에 맞서는 별이라는 의미의 Anti-Ares이다(Mars는 로마식, Ares는 그리스식 이름).

수금지화목토까지 왔으면 천왕성·해왕성은 어떻게 볼까? 천왕성은 5.5~6등급 사이의 별이라, 어두운 관측지에서 맨눈으로도 확인은 가능하지만 존재 확인 이상은 불가능하고, 해왕성은 더 어두워서 육안으로는 보이지 않는다.

태양계 안에는 행성들보다 훨씬 더 먼 거리에서 태양을 공전하는 작은 돌덩이들도 있다. 장축이 아주 긴 타원 궤도를 돌

고 있는 태양계의 방랑자, 혜성이다. 이들은 평소에는 너무 멀고 작아서 존재조차 확인하기 어렵지만, 태양에 아주 가까이 접근하는 몇 달 동안만 그 귀한 얼굴을 드러낸다. 그리고 대략 10~20년에 한 번씩은 망원경 없이 육안으로도 아름다운 꼬리를 나부끼는 대혜성을 마주할 수 있다. 혜성은 밝기 예측이 쉽지 않아서 태양에 아주 근접하기 전까지는 대박이 날지 쪽박이 날지 아무도 알 수 없지만, 별쟁이들은 속는 셈 치고 오늘도 혜성 복권을 긁어본다. 지금 못 보면 또 얼마나 기다려야 할지 모르는 일이다.

필자의 마님께서는 뉴질랜드의 유치원에서 선생님으로 일하고 있는데, 하루는 아이들이 행성 노래를 부르는 것을 찍은 영상을 나에게 보여주었다. 미취학 아이들이 한 명씩 "머큐리 비너스 ~ (이하생략) ~ 유레이너스 넵튠~ This is the Solar System!" 하는 노래를 암송하는 것을 보니 수금지화~ 외우는 것은 우리만 하는 것이 아니구나 싶어서 알 수 없는 안도감이 들었다. 빠진 명왕성에겐 미안하지만….

천체관측용 전자성도 프로그램

필자가 천체관측용으로 쓰는 프로그램은 두 가지가 있다. 선수용 모바일 어플리케이션인 'Sky Safari'와 주로 교육용으로 쓰이는 PC 소프트웨어인 'Stellarium'이다.

스텔라리움(Stellarium)

망원경을 이용한 전문적인 관측에는 스카이사파리가 더 편리하지만, 천체관측을 처음 배울 때는 좀 더 직관적이고 친절하게 밤하늘을 표현해주는 스텔라리움이 훨씬 나을 수 있다. 스텔라리움은 오늘 밤하늘에 뭐가 언제 보이는지, 달 옆의 밝은 별은 무엇인지, 은하수는 언제 어디서 뜨는지 등, 내가 살고 있는 지역의 하늘을 정확히 보여주어 밤하늘과 친해지는 데 큰 도움이 된다. 그리고 가장 중요한 것은 무료로 쓸 수 있다는 것.

스텔라리움은 PC 버전과 모바일 버전 두 가지가 있는데, 무료로 마음껏 즐길 수 있는 PC용에 비해 모바일 앱은 기능도 상당히 제한적이고 추가 기능을 쓰려면 돈도 내야 한다. 모바일 버전도 간단히 별자리 맞추어보는 용으로는 큰 문제가 없지만, 다양한 기능을 활용하여 원하는 대로 시뮬레이션을 해볼 수 있는 PC 버전을 강추한다 (야외에서는 노트북으로 돌리면 된다).

다운로드 링크 → stellarium.org

14. 태양계 행성들은 어떻게 찾나요?

■ 뉴질랜드 오클랜드의 현재 밤하늘

현직 교사이자 별지기인 이재열 선생님이 한
글로 번역해놓은 스텔라리움 사용 가이드 글을
통해 사용법을 익혀보자(QR 코드 참조, 또는 별하늘지기에서
'스텔라리움 기본 사용법'으로 검색).

■ 스텔라리움

스카이사파리(Sky Safari)

PC용 소프트웨어에 스텔라리움이 있다면, 스카이사파리는 모바일 세계를 평정했다. 관측지에서 종이 성도로圖.별지도 대신 전자 성도를 쓰는 별지기들 중에 스카이사파리 이외의 다른 앱을 쓰는 사람을 찾기 어려울 정도이다. 이유는 천체에 대한 데이터가 엄청나게 방대하고, 놀라울 정도로 정교하면서도 사용이 편리하기 때문이다.

성도 사용만을 위해 관측지에 노트북을 가지고 다니는 것은 조금 번거롭기도 하고 밝은 빛에 노출될 우려가 있지만, 누구나 휴대폰은 항상 가지고 다닌다. 성도 책과 여러 참고자료를 디지털로 대체하면 짐도 줄일 수가 있다. 휴대폰의 빛은 밝기를 조절하기도 쉽고, 천체관측용 앱은 글씨와 별들이 붉은색으로 바뀌는 Night Vision 기능을 가지고 있다.

다만 단점도 있는데, 우선은 가격이다. 별지기들이 주로 쓰는 스카이사파리 '프로' 버전은 무려 4만 원에 이른다. 2천 원짜리 앱도 아까워서 안 사는 필자에겐 놀라운 가격이었지만, 써보니 사용성의 가치는 40만 원도 아깝지 않았다.

하지만 휴대폰의 작은 화면에서 보기 때문에 별자리와 같은 넓은 하늘을 조망하는 것은 조금 아쉬움이 있다. 보통 스카이사파리는 별자리 공부할 때보다는 딥스카이 호핑할 때(질문 26 참조) 주로 사용한다. 또한 전자성도에 너무 의존하게 되면 여러 참고 자료와 책을 찾아보며 별 공부를 하는 데에 소홀하게 될 수도 있

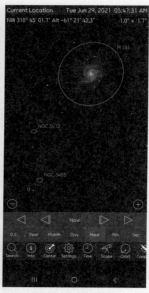

■ 편리한 조작과 메뉴   ■ 정확한 별과 천체의 위치

어서, 관측지로 출발하기 전에 미리 여러 자료를 찾아보는 것이 좋다.

위의 스크린샷은 필자의 스카이사파리 앱으로 큰곰자리의 나선은하 M101을 확대하면서 보이는 모습을 담아본 것이다.

■ 깨알 같은 디테일　　　　■ 방대한 데이터

15

천문대에 가면 무엇을 할 수 있나요?

흔한 오해로, 별을 보기 위해서는 무조건 천문대에 가야 한다고 알고 있는 사람들이 많다. 도시만 살짝 벗어나도 암흑천지인 뉴질랜드에 사는 일반 시민들도 별을 보기 위해서는 대도시인 오클랜드에서 1300km 떨어진 유명한 천문대(Tekapo 호숫가의 Mt John Observatory)로 가야만 한다고 굳게 믿고 있는 사람들이 많을 정도이니 꽤 일반적인 오해라 할 수 있다.

하지만 이건 맞기도 하고 틀리기도 한 이야기다. 이 책을 처음부터 읽어오고 있는 사람이라면 이미 이해했겠지만, 별을 보는 일은 문명에서 멀면 멀수록 좋다. 천문대조차 들어서지 않은 더 깊은 오지일수록 더더욱 좋다. 하지만 그런 오지에서는 망원경 등의 개인 장비가 없으면 쏟아지는 별빛을 그저 눈으로 감상하는 것밖에는 할 수 있는 방법이 없고, 본인이 어느 정도 지식과 경험을 갖추기 전이라면 뭘 어떻게 해야 하는지 막막할 수밖에 없다.

이런 경우, 어두운 관측지에서 무작정 좌충우돌하는 것보다 시설이 갖추어진 천문대에서 먼저 기본적인 것들을 배우고 경험해보는 것도 좋다. 시내에 있든 교외에 있든, 천문대에는 최소한 기본적인 관측 장비와 천체투영관 등의 설비가 갖추어져 있고, 그 장비를 이용해서 별을 보여주고 설명해줄 전문가들이 항시 대기하고 있기 때문이다. 또한 프로그램 전후의 여유 시간을 이용해서 장비 선택 등 평소에 궁금했던 것들을 따로 물어볼 수도 있다.

이런 분들에게 천문대 방문 추천!

  - 가족들하고 생전 처음 천체관측 맛보기를 하고 싶어요.
  - 초등학생 아이가 별에 관심이 많아요.

– 안전하고 쾌적하게 별을 보고 싶어요.

– 체계적이고 자세한 설명을 듣고 싶어요.

쓰고 보니 거의 모든 입문자가 해당할 것 같다. 사실 필자는 지금까지 전국의 많은 천문대를 다녀보았지만, 대학생 시절에 야전(?)에서 맨땅에 헤딩으로 천체관측을 배운 관계로, 천문대는 알바할 때나 천문대에서 일하는 지인을 만나기 위해서만 방문했었다. 하지만 좀 더 체계적으로 기본기를 배우고 싶다면, 특히 가족과 같이 별을 보고 싶다면 먼저 천문대에서 몇 차례 별보기의 맛을 느껴보는 것도 좋은 방법이다.

천문대에서는 들어가자마자 망원경으로 별을 볼 것 같지만, 여기에도 순서가 있다. 우선 강의실에서 천문학에 대한 기초 상식을 배우고, 천체투영관에서 오늘 밤에 볼 수 있는 별자리와 천체들의 움직임을 익히고 나서 천문대 옥상으로 올라간다. 별보기의 제1원칙은 아는 만큼 보인다는 것. 조금 전에 배운 것들을 생각하며 천문대 선생님의 설명에 따라 실제로 별자리를 그리고 망원경으로 관측해보면 그 감동이 더욱 배가된다.

천문대를 제대로 활용하기 위해서 가장 중요한 것은 날씨를 잘 확인하고 가는 것이다. 아무리 시설과 환경이 좋은 천문대라 하더라도 흐리거나 비가 오는 날씨에서는 실내 교육밖에는 방법이 없다. 일기예보를 항상 잘 살피고, 일기예보가 맑음인 날로 천문대를 예약하자. 주말에 날씨가 맑으면 가장 이상적이겠지만, 하늘은 사람의 사정을 고려해주지 않는다. 일기예보가 '맑음'인 평일에 천문대에 방문하는 것이 최고의 타이밍이다. 인파에 밀리지 않고 천문대의 시설들을 훨씬 여유롭게 이용할 수 있다.

두 번째는, 내가 오늘 밤 무엇을 볼 수 있는지 미리 알아보아야 한다. 천문대에는 경험 많은 별지기보다는 일반 관람객이 주로 찾으므로, 망원경으로 주로 보여주는 인기 대상은 달과 행성들이다. 그런데 질문 13~14번에서 얘기한 것처럼 태양계 식구들은 항상 위치가 바뀐다. 만약 달과 행성이 새벽에 뜬다면 아무리 날씨가 좋아도 천문대에서 관측이 불가능하다. 천문대 프로그램은 해가 지고 나서 시작해서 늦어도 자정 전에 모두 종료된다. 망원경으로 달을 보고 싶다면 저녁에 달이 떠 있을 날을 골라서 가야 한다(초승달-보름달 사이, 그중 상현 반달 즈음이 가장 보기 좋다). 자녀가 초등학생일 경우, 쉽고 명확하게 누구나 볼 수 있는 달이 단연 최고 인기 대상이다.

세 번째로는 그날 볼 만한 별자리와 천체가 뭐가 있을지 미

133

리 공부해보면 큰 도움이 된다. 아는 만큼만 보이는 것이기에, 미리 예습을 하고 천문대 프로그램을 이용하면 더욱 머리와 가슴에 쏙쏙 들어온다.

마지막으로, 천문대 방문은 밤에 하는 것이므로 피곤하지 않게 좋은 컨디션을 유지하고 옷도 든든하게 입고 가는 것이 좋다. 천체투영관의 의자는 보통 뒤로 깊이 젖혀지는 관계로, 어둡고 조용한 분위기와 천문대장님의 나긋나긋한 목소리를 자장가 삼아 숙면에 빠지기가 쉽다(필자도 열에 여덟 번은…).

천문대라고 해서 모두 일반인 대상 프로그램을 운영하는 것은 아니다. 한국천문연구원이나 각 대학 천문학과에서 운영하는 천문대는 천문학자들의 연구 목적으로만 운영되며, 일반인 개방은 낮 시간에 제한적인 시설 견학만이 가능하다. 유명한 소백산 천문대, 보현산 천문대 등의 국립 천문대는 이와 같은 이유로 이용이 불가능하지만, 우리나라에는 전국 각지에 지자체가 운영하는 공립 천문대와, 법인이나 개인이 운영하는 사립 천문대가 상당히 많이 들어서 있다. 약간의 인터넷 검색만으로도 집에서 멀지 않은 천문대를 찾을 수 있다.

※ 이번 장은 오랜 시간 천문대에서 근무하신 안성맞춤천문과학관 안해도 님의

생생한 조언을 많이 참조했다.

가볼 만한 천문대 추천

■ **화천 조경철천문대** 서울에서 그리 멀지 않으면서(1시간 반 정도) 은하수를 볼 수 있는 곳으로 유명해져서 맑은 주말에는 천문대 주차장이 장사진을 이룬다. 1100m 고지에서 보는 별빛은 지상의 별빛과는 영롱함이 다르다.

■ **국립과천과학관 천체투영관** 국립 과학관의 위용에 걸맞은 세련된 시설을 자랑한다. 과천이라 쏟아지는 별들을 감상하기는 어렵지만, 국내 최고의 플라네타리움(천체투영관)으로 감상하는 고품격 컨텐츠들과 정교한 밤하늘 시뮬레이션은 진짜 별들을 보는 것과는 또 다른 감동을 준다.

■ **용산 과학동아천문대** 서울 도심 한복판에 위치한 천문대에서 무엇을 할 수 있을까? 해와 달과 행성을 볼 수 있다. 그리고 이동에 그리 많은 시간을 투자하지 않아도 되므로 가족들과 부담 없이 방문할 수 있고, 학생들을 위한 다양한 프로그램을 운영 중이다.

이동이 크게 부담되지 않는 천문대부터 방문해보고, 여행 중에 근처에 있는 천문대를 찾아보는 것도 좋다. 초등학생 자녀를 위해서는 지역별로 위치한 어린이천문대의 프로그램을 찾아보자.

135

Chapter 3

망원경으로 별 보기

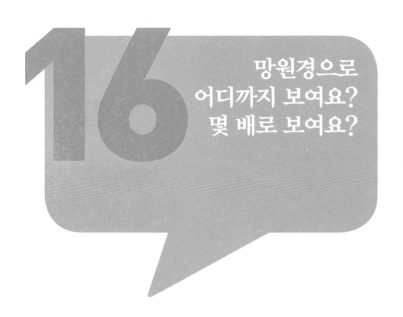

16

망원경으로
어디까지 보여요?
몇 배로 보여요?

　　망원경을 처음 본 사람들의 반응은 거의 비슷하다. "어디까지 보여요?" "몇 배로 보여요?" 그리고 "이거 얼마예요?" 이렇게 3가지라고 할 수 있겠다. 얼마인지는 뒷장에서 다루어보고, 이번 장에서는 어디까지 보이는지, 몇 배로 보이는지 알아보자.

　　망원경은 멀리 있는 물체를 보는 장비이다. 우리가 볼 수 있는 것들 중 가장 멀리 있는 것은 밤하늘에 보이는 별들이다. 망원경은 우리의 눈에 희미하게만 보이거나, 너무 멀어서 아예 보이지 않는 것들을 바로 앞에 있는 것처럼 밝게 확대해서 보여준다. 그래서 어디까지 볼 수 있을까? 이 질문에 답을 하기 위해서는 우주의 구조와 우리의 위치를 알아야 한다.

우리는 태양계의 8개 행성 중에 3번째 행성에 살고 있다. 너무 뜨겁지도 춥지도 않고 딱 살기 좋은 그런 곳이다. 작은 망원경으로도 태양계 내의 달과 행성들의 디테일을 보는 데는 문제가 없다. 우리의 고향인 태양계 너머에선 10만 광년 크기의 우리은하 안의 수많은 별들과 성운·성단들과 만나게 된다. 육안으로는 지구에서 대략 500광년 이내에 있는 아주 가까운 별들만을 볼 수 있지만, 망원경을 이용하면 그보다 훨씬 멀리 있는 별들과 그 별들의 모임인 성단, 우주 공간의 가스 구름인 성운들이 보인다(너무 희미한 대상들이라 육안으로는 보이지 않는다).

조금 더 큰 망원경을 쓴다면 시선을 우리은하 밖으로 돌릴 수 있다. 200만 광년이라는 아주 가까운(?) 거리에 우리은하의 이웃이자 우리들 개념의 고향인 안드로메다은하가 위치하고, 그 너머로도 세는 것이 의미가 없을 정도로 많은 은하들을 찾을 수 있다. 예를 들어 처녀자리 쪽을 망원경으로 겨누어보면,

목성

토성

성단

접안렌즈 한 시야에도 아련한 솜뭉치 여러 개가 함께 보인다. 이 솜뭉치 하나하나는 6천만 광년 떨어진 처녀자리 은하단에 속한 은하들이다(그 은하 하나하나가 각각 수천억 개의 별들을 품고 있다는 것을 생각해보자). 빛의 속도로 6천 년을 가도 까마득한데 6천만 광년이라니! 그야말로 천문학적인 스케일이다.

별쟁이들은 망원경으로 하늘을 여행하는 날들이 늘어날수록 점점 더 멀리 보기를 원한다. 가까이 있는 대상들이 훨씬 보기 쉽고 잘 보이는데도 그 멀리 있는 희미한 아이들을 보려고 왜 그리 애를 쓰는 것인지 우리 스스로도 이해할 수 없을 때가 많다.

몇천만 광년 단위의 은하들을 넘어, 그 은하들이 수백 수천 개가 모인 은하단은 2억, 3억 광년까지 가는 경우도 비일비재하다. 우주의 은하들은 그 너머에도 백억 광년이 넘게 수천억~수조 개가 펼쳐져 있지만, 허블 우주망원경이나 연구용 초대형

성운

은하

은하단

망원경이 아닌 별지기들이 취미로 사용하는 장비로는 대략 3억 광년 정도가 "어디까지 보여요?"의 답이라고 할 수 있겠다.

두 번째 질문, "이거 몇 배예요?"의 답은 조금 실망스러울 수도 있다. 좋은 망원경으로는 1천 배, 수만 배쯤 확대할 수 있을 거라고 생각했을 수도 있지만, 실제로 망원경으로 별을 보는 사람들은 태양계의 경우는 300~500배, 그보다 멀리 있는 대상은 100~300배 이상으로는 배율을 잘 올리지 않는다. 배율을 많이 올리지 않는 이유는 필요 이상으로 확대를 하면 대상의 선명함이 떨어지기 때문이다. 반대로, 배율이 너무 낮으면 깔끔하게 보이기는 하지만 접안렌즈에 보이는 이미지가 너무 작아서 디테일을 구분하기가 어려워진다.

대상별로 적정한 배율에 관한 얘기는 망원경 사용자들에게 매우 중요하지만, 너무 심오한 얘기가 될 수 있어서 천체관측의 맛보기를 간접 경험해보는 것이 목적인 이 책에서는 여기까지만. 좀 더 깊이 있는 얘기는 나중에 망원경을 장만하고 나서 필자의 다른 책 〈별보기의 즐거움〉을 참조해보자.

M24 Star Cloud (M24 Sgr)
10 June 2016   07/5 - 0153
8 July 2016   0145 - 0140
화성 석막산 기지 성관측 Session

Discovery 15" E6 Platform
Pentax XL 40mm (48x)
아산 비닝 조창욱
McGhward
WD ←

■ M24 Star Cloud – 성운과 성단, 별들로 이루어진 은하수 조각이다.
1만 광년 거리의 대상을 48배로 관측했다. (조창욱, 2016)

16. 망원경으로 어디까지 보여요? 몇 배로 보여요?

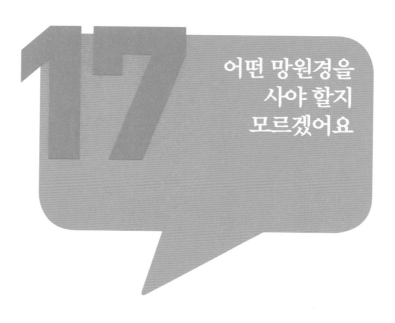

어떤 망원경을
사야 할지
모르겠어요

"입문하려고 하는데 적당한 장비 좀 추천해주세요."

천체관측 동호회 게시판에서 가장 흔하게 볼 수 있는 질문 중의 하나이다. 이에 대한 답도 한결같다. "무턱대고 망원경을 구입하기 전에 먼저 공부와 경험을 많이 하셔야 합니다."

악기를 배우려면 악기가 있어야 하고, 운동을 배우려고 해도 본인의 기본 장비를 갖추어야 시작할 수 있다. 천체관측에 입문하려면 맨눈으로 가볍게 즐기는 것을 제외하면 당연히 망원경이 필요한데 왜 사지 말라고 하는 것일까? 천체관측을 즐기는 방법에 따라 장비의 선택이 너무나 달라지기 때문이다.

천체관측이라는 취미활동은 크게 두 가지 분야로 나뉜다. '안시관측'과 '천체사진'이 그것이다. 안시관측은 망원경에 자신의 눈을 대고 천체를 관측하는 것이다. 망원경을 움직여서 밤하늘의 천체를 찾고, 접안렌즈를 통해 보이는 희미한 대상을 눈으로 감상한다. 이와 달리 천체사진은 망원경으로 잡아놓은 천체를 사람의 눈 대신 카메라나 CCD로 관측한다. 관측 중에는 망원경으로 직접 천체를 보는 것이 아니라, 촬영 중인 대상을 노트북으로 확인하거나 촬영 장비가 제대로 작동하고 있는지 모니터링한다.

안시관측은 밤하늘 그 자체를 자신의 눈으로 즐기는 것이기 때문에 밤새도록 몸과 눈이 쉴 틈이 없다. 망원경의 조준경(파인더)을 이용해 보고 싶은 대상을 찾고, 눈을 크게 뜨고 대상의 디테일을 살핀다. 목성같이 가깝고 밝은 대상은 그 나름대로, 은하같이 멀고 어두운 대상도 각각 그 나름의 매력이 있다.

천체사진은 관측 전과 관측 후가 바쁘다. 관측 전에는 망원경과 촬영 장비, 추적 장치, 전원 등을 세팅하느라 장비도 많고 안시관측보다 준비할 것이 훨씬 많다. 하지만 관측 준비를 끝

145

■ **안시관측용 망원경** (최윤호)

낸 후, 안시쟁이들이 밤새 바쁘게 몸을 움직이는 동안 사진파
(?)는 훨씬 여유롭다. 자동화된 장비가 정해진 대로 천체를 추
적하며 촬영하는 동안은 가이드가 잘 되고 있는지, 사진 결과
물이 잘 나오고 있는지를 살피면 된다. 하지만 관측이 종료된

■ **천체사진용 망원경** (손형래)

뒤, 컴퓨터에 담긴 이미지 원본을 후처리를 통해 한 장의 천체사진으로 만들기 위해서는 집에 복귀한 이후에도 지난한 노력과 시간이 필요하다.

섣불리 망원경을 먼저 사지 말라는 조언은, 안시관측용 망원경과 천체사진용 망원경의 특성이 서로 많이 다르기 때문에 본인 취향에 맞지 않는 장비를 사게 되면 낭패를 보게 된다는 의미이다. 안시관측용 망원경은 커다란 렌즈나 거울로 좀 더 많은 빛을 모으는 집광력이 중요하기 때문에 상대적으로 저렴한 가격에 큰 구경을 장만할 수 있는 반사식 망원경을 주로 사용하게 되고, 천체사진용 망원경은 크기보다는 광학계 자체의 정밀도가 높고 별들의 움직임을 정확히 추적하는 데에 용이한 굴절식 망원경을 선호한다. 문제는 내가 천체사진이 맞는지 안시관측이 맞는지는 해보기 전에는 절대 알 수 없다는 것이다. 그냥 단순히 눈으로 별을 보는 것이 너무 좋아서 입문했는데 갈수록 사진에 더 관심을 가지게 되기도 하고, 화려한 천체사진을 찍고 싶어서 사진용 망원경을 장만했는데 끝없는 장비 세팅과 테스트에 지쳐서 시작도 하기 전에 전의를 상실하는 경우도 있다.

망원경을 장만하고 싶다면 본인이 안시관측을 원하는지, 사진이 취향에 맞는지 본인 스스로에게 물어보는 것이 먼저이다. 그 답은 책이나 집에서 절대로 얻을 수가 없다. 우선 천체관측과 망원경에 대해 찬찬히 공부해보고, 천체관측 동호회에 가입해서 관측지에 나가 보는 것이 가장 빠른 길이다. 먼저 시작한 선배들이 어떻게 별을 즐기는지 지켜보다 보면 내가 무엇을 해야 재미가 있을지 분명히 감이 올 것이다.

군이 비유하자면 안시관측은 라이브 콘서트나 야구장 직관에 비할 수 있다. 유명한 가수나 선수들을 (물론 멀리서만 보이겠지만) 눈앞에서 볼 수도 있고 현장의 생생한 분위기를 즐길 수 있지만, 꼭 장점만 있는 것은 아니다. 라이브 콘서트 대신에 집에서 음질 좋은 오디오로 음악을 감상하고, 대형 TV로 전문가의 해설을 들으며 직관보다도 생생하고 안락하게 야구를 관람할 수도 있다.

화려한 천체사진을 여기에 빗대어 볼 수 있다. 내 눈으로 직접 보는 것은 아니지만, 아무리 노력해도 눈으로는 흔적만 겨우 찾을 수 있는 희미한 성운들도 오랜 시간 노출을 준 사진에선 총천연색의 자태를 뽐낸다 (내 작품을 자랑하기에도 용이하다).

그럼 안시관측은 왜 할까? 사진만큼 화려한 모습도 볼 수 없고 흑백의 희미한 흔적만 볼 수 있는데 말이다. 하지만 안시는 밤하늘의 아름다운 것들을 내 눈으로 생생하게 본다는 마력이 있다. 몇천만 년 전에 날아온 빛이 내 눈에 와 닿는 순간이 그렇게 멋질 수가 없다. 또한 관측 기술을 연마하여 같은 대상을 더 잘 보이게 만들 수도 있다.

별동네에는 중요한 격언이 하나 있다. "아직 어떤 망원경을 사야 할지 모르겠다면 아직 망원경 살 때가 안 된 것이다." 야박하게 들릴지 모르지만 100% 맞는 말이다. 우선 이 책을 끝까지 읽어보며 본인에게 맞는 취미생활인지 생각해보고, 그다음은 동호회 모임 등에서 별을 보는 사람들을 만나봐야 한다. 망원경에 대해 좀 더 체계적으로 알고 싶다면 관련 서적을 읽어보는 것도 좋은 방법이다. 같은 출판사의 〈천체망원경은 처음인데요〉라는 책을 추천한다.

초보자가 절대 사면 안 되는 망원경 (신품 구매 기준)

- 1000배, 3000배 등 배율을 강조하는 망원경 (판매자가 망원경이 뭔지 잘 모르는 경우임)

- 너무 저렴한 망원경 (광학기기는 가격과 성능이 거의 비례한다)

- 천체망원경 전문점이 아닌 곳 (회사 홈페이지를 방문했을 때 첫 화면이 망원경이 아니라면 망설임 없이 가볍게 ×를 누르자)

- 가대가 부실한 망원경 (저렴이 망원경도 광학계 성능은 나쁘지 않은 경우가 있다. 문제는 하체가 부실하면 제대로 별을 찾을 수 없고, 어렵게 찾은 대상도 금세 놓치기 일쑤)

- 매장 없이 온라인으로만 운영되는 곳 (해당 장비를 써본 적이 없다면 무조건 방문해서 만져보고 사야 한다)

한국말인데도 무슨 얘기를 하는 건지 모르겠어요

망원경 관련 용어들

천체관측 업계에서만 쓰이는 망원경 용어들을 개념잡기용으로 아주 간략히만 살펴보자. 이해가 안 되면 우선은 그냥 넘어가도 된다.

경통 망원경 광학계를 뜻하며, 마운트와 삼각대를 제외하고 렌즈나 미러가 들어 있는 큰 통만을 말한다. OTA Optical Tube Assembly라고도 한다.

가대 마운트 Mount 그 자체, 또는 마운트와 삼각대가 결합된 형태를 통칭하여 부르는 말

마운트 경통과 삼각대 사이에 들어가는 기계장치로, 망원경을 회전운동, 또는 상하좌우로 움직이게 만들어준다. 적도의식과 경위대식의 두 가지 종류가 있다.

적도의 마운트의 한 종류로, 천체의 회전운동과 동일한 방향으로 망원경을 움직인다. 한 대상을 오랫동안 추적해야 하는 천체사진에 적합하다.

경위대 수평축, 수직축을 통해 상하좌우로 이동하는 마운트. 직관적으로 움직일 수 있어서 안시관측에 적합하다.

굴절식 망원경 흔히 상상할 수 있는 가늘고 긴 모양의 망원경 (드라마 주인공의 서재나 TV 광고의 소품으로는 꼭 흰색 굴절망원경만 나온다). 경통 앞쪽과 뒤쪽에 여러 개의 렌즈로 빛을 굴절하여 상을 맺는다.

반사식 망원경 빛을 투과하는 렌즈가 아니라 빛을 반사하는 거울(미러)로 되어 있다. 오목 거울로 별빛을 반사하여 한 점으로 초점을 맞추어서 상을 맺는다.

반사굴절식 망원경 슈미트 카세그레인식 또는 약자로 SCT라고도 한다. 반사식과 굴절식의 특징을 모두 가지고 있다.

파인더 총의 조준경과 같이 하늘의 천체를 쉽게 찾아주는 보조 망원경

GOTO 천체를 자동으로 찾아주는 기능을 가지고 있는 망원경 또는 마운트

아이피스 접안렌즈라는 한국말보다는 아이피스Eyepiece라는 영어 단어가 훨씬 많이 쓰인다. 망원경의 렌즈와 미러로 모아놓은 빛을 정해진 배율로 확대하여 눈으로 볼 수 있게 만들어준다.

돕소니언 망원경 경통과 가대로 이루어진 전통적인 망원경 구조에서 가대를 없애버린 혁신적인 디자인. 더욱 크고 저렴한 망원경을 가능하게 해주었다 (필자도 이 방식을 사용한다).

가이드 천체사진용 망원경으로 천체의 회전에 맞추어 대상을 추적하는 것을 가이드Guide 또는 트래킹Tracking이라 한다.

초점거리 렌즈나 미러 표면으로부터 초점이 맺히는 지점까지의 거리

필터 특정 색깔, 특정 파장의 빛만 걸러서 투과시키는 장치로,

보통 아이피스나 촬영장치에 체결해서 사용한다.

주경 반사망원경의 심장인 반사경을 뜻하고, 보통 미러^{Mirror}라고 불린다. 크기와 재질, 곡면 정밀도에 따라 수많은 종류의 미러와 경통이 시판되고 있다. 크기는 원의 지름으로 나타내고, 일반적으로 8인치, 12인치 등 세계적으로 인치 단위가 통용된다[굴절망원경의 렌즈는 밀리미터와 인치 규격을 혼용한다. 이유는 알 수 없음].

사경 주경에서 반사된 빛의 광로를 90도 꺾어서, 반사망원경 경통 측면의 접안부로 빛을 전달하는 평면거울

집광력 빛을 모으는 능력. 지름 5mm의 동공보다는 지름 8인치[200mm]의 망원경 미러가 훨씬 더 빛을 많이 모을 수 있어서 더 밝게, 더 크게 볼 수 있는 것이다. 이 집광력은 광학계의 지름의 제곱에 비례하므로 렌즈와 미러는 크면 클수록 좋다. 그런데 커질수록 가격도 기하급수적으로 올라간다.

분해능 가까이 붙어 있는 두 별을 각각의 대상으로 얼마나 잘 분리해서 볼 수 있는지 나타내는 수치. 분해능이 좋지 않은 망원경은 선명도가 떨어져서, 가까이 위치한 두 별이 그냥 하나로 연결되어 보인다. 구경이 클수록, 광학계 정밀도가 높을수록 분해능이 좋아진다.

17. 어떤 망원경을 사야 할지 모르겠어요

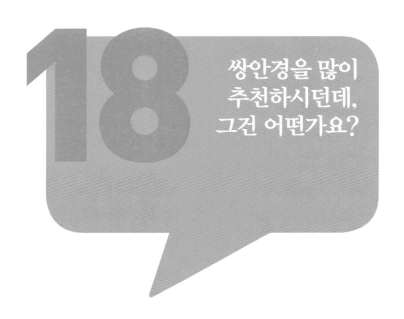

쌍안경을 많이
추천하시던데,
그건 어떤가요?

10만 원, 20만 원의 예산으로 망원경을 구입하고자 하는 분들을 종종 만나볼 수 있다. 잘 모르는 막연한 취미생활을 시작하는 데에 너무 큰 돈을 쓰고 싶지 않을 수도 있고, 학생 신분이라 용돈을 모아 모아서 장비를 마련해야 하는 경우도 있다. 그러나 예산이 너무 적으면 장난감 수준의 조악한 망원경밖에는 구입할 수 없고, 망원경의 구조적인 부실함으로 10만 원, 20만 원의 가치조차 못 하게 되는 비극이 많이 발생한다. 그렇다고 없는 예산을 늘리라고 함부로 얘기할 수도 없는 노릇이라 "10만 원이면 차라리 쌍안경을 사시라"는 조언을 흔히 볼 수 있다.

쌍안경은 기능상으로는 맨눈과 망원경의 중간 정도에 있다고 볼 수 있다. 7배~20배 정도로 확대할 수 있어서 50배~500배 정도인 망원경보다는 낮지만 등배(1배)로 보는 육안 관측보다는 멀리 있는 물체를 훨씬 크고 선명하게 볼 수 있다. 쌍안경 렌즈의 구경은 50mm 정도로, 80mm~500mm에 이르는 망원경보다 작아서 그만큼 집광력·분해능 등의 성능은 떨어지지만, 한 손에 들고 다닐 수 있을 만큼 휴대가 편리하고, 가볍고, 저렴하다.

하지만 저렴하고 편리한 만큼, 쌍안경으로 볼 수 있는 대상은 망원경에 비해서 제한적이다. 망원경 크기에 육박하는 전문가용 최고급 쌍안경(쌍안 망원경이 더 맞는 용어일 듯)을 제외한다면, 간편하게 손에 들고 보는 쌍안경의 용도는 달의 바다와 대형 크레이터들, 목성의 4대 위성, 플레이아데스성단이나 오리온대성운 등 아주 밝은 성운·성단의 존재 여부(집광력과 배율의 한계로 위치 확인 이상의 관측은 어렵다), 어두운 별자리를 구성하는 별들의 확인 정도이다.

쌍안경으로도 천체관측의 맛보기를 할 수 있지만 그 한계도 명확하다는 것은 꼭 알고 구입해야 한다. 만약 쌍안경으로 성단의 흔적을 찾아보고, 도시에서 육안으로 잘 보이지 않는 희미한 별자리를 쌍안경으로 훑어보며 "우와~" 하는 감탄사가 자동으로 나온다면 아마도 천체관측이란 취미생활에 좀 더 투자를 해도 후회하지 않을 것이다.

쌍안경을 구입할 때는 숫자를 잘 보고 사야 한다. 사실 천체관측이 처음이라면 값비싼 유명 브랜드는 큰 의미가 없다. 쌍안경 제원 중에 가장 중요한 것은 'OO×OO'와 같은 숫자 두 개다. '7×50', '10×35', '22×50' 이런 수치인데, 곱하기 기호 앞의 숫자는 쌍안경의 배율을 의미하고, 뒤의 숫자는 밀리미터 단위로 쌍안경 렌즈의 구경(지름)을 뜻한다.

배율이 높으면 높을수록 좋을 것 같지만 여기엔 함정이 있다. 10배가 넘어가면 손으로 들고 보는 것이 어려울 정도로 상이 흔들리게 된다. 아무리 숨을 참고 팔을 고정시킨다고 해도, 조금만 몸을 움직여도 떨리는 이미지에 멀미가 난다. 그렇다고 해도 배율이 너무 낮으면 확대의 의미가 별로 없어지기 때문에, 천체관측에 쓰이는 쌍안경은 일반적으로 7배 또는 10배짜리 제품을 사용한다. 삼각대 연결용 L자형 브라켓(비노홀더)을 이용해 삼각대에 연결하면 10배 이상으로도 흔들림 없이 안정감 있게 볼 수 있지만, 쌍안경의 장점인 기동성은 조금 떨어지게 된다.

■ 일반적인 10×50 쌍안경

'×'자 뒤의 숫자, 구경은 당연히 크면 클수록 좋지만, 역시 너무 커지면 무거워서 들고 다니기 힘들어진다. 일반적인 휴대용 쌍안경의 렌즈 구경은 50mm이다. 35mm를 쓰는 소형 쌍안경도 있고, 70mm짜리 중형 쌍안경도 볼 수 있지만, 35mm는 구경이 작아서 집광력이 떨어지기 때문에 밝고 선명하게 천체를 보기가 좀 더 어렵고, 70mm는 무게가 무거워서 삼각대 없이 맨손으로는 제대로 쓰기가 쉽지 않다. 필자는 20×70 쌍안경을 가지고 있는데, 특정 대상을 볼 때는 튼튼한 삼각대에 연결해서 쓰고, 하늘을 조망할 때는 팔꿈치를 옆구리나 주변 지형지물에 고정하여 최대한 흔들리지 않게 만들고 관측한다(사실 필자는 개기일식 등의 특정 용도 외에는 쌍안경을 거의 사용하지 않는다).

또 한 가지, 수십 배까지 끌어당길 수 있다는 줌^{Zoom} 기능을 강조하는 제품들이 있는데, 어차피 10배 이상은 너무 흔들려서 손에 들고서 보기 어렵다는 것을 기억하자. 쌍안경으로 천체를 보고 싶다면 결론적으로 7×50, 10×50 두 가지 중의 하나로 선택하면 된다. 인터넷 쇼핑몰에서 판매하고 있는 10만 원 내외의 제품이면 적당할 것이다.

필자는 고등학교 시절 아버지가 사주신 7×50 쌍안경으로 서울의 집에서 별자리를 찾아보며 처음 천체관측을 시작했다. 눈으로는 안 보이는 별들이 쌍안경으로 드러나는 게 그렇게 신기할 수가 없었고, 고등학교 졸업 전까지 서울 하늘에서 육안으로 보이지 않는 별자리들까지 모두 찾아보았다.

쌍안경으로 본격적으로 천체를 찾아보고 싶다면 가이드북을 이용하는 것도 좋다. 한국어로 된 책 중에서는 〈쌍안경 천체 관측 가이드〉라는 책에 쌍안경으로 보기 좋은 99개 추천 대상에 대한 설명과 찾는 방법이 나와 있다. 이렇게 심도 있게 쌍안경 관측을 하기 위해서는 손으로 들고 보는 것보다는 비노홀더를 이용해서 튼튼한 삼각대에 연결해서 보아야 한다.

Conjunction of Venus & M45 Pleiades Matariki
8.10 PM 4 April 2020
15×70 Binoculars, Manfrotto 055
Onekiritea Park, Hobsonville,
Auckland, New Zealand
AAS Andy Cho 조강욱
Nightwid
WK

■ **쌍안경 한 시야의 M45와 금성** (조강욱 그림, 2020)

2017 USA Total Eclipse #3
21st August 2017, AM 10:19 (PST)
Wilderness of Madras, Oregon, USA
야간비행 조강욱
AAS Andy Cho
Nightwid

■ **개기일식 중의 태양 구조** (조강욱 그림, 2017)

159

18. 쌍안경을 많이 추천하시던데, 그건 어떤가요?

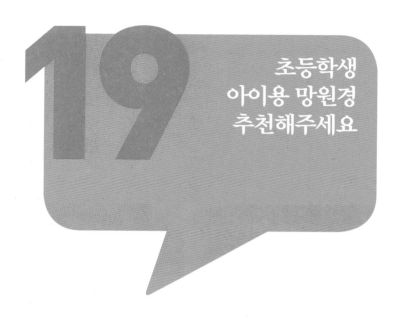

초등학생
아이용 망원경
추천해주세요

천체관측을 시작하는 상당수의 성인이 처음에는 아이 때문에 관심을 가지게 되는 경우가 많다. 별이 보고 싶다는 초등학생 자녀를 위해 망원경을 사줬는데 사용법이 쉽지 않아서 달 하나를 보기 위해서도 부모가 공부를 많이 해야 했고, 아이는 이내 천체관측에 흥미를 잃어서 망원경은 졸지에 아빠의 차지가 된 것이다.

별에 관심이 많은 자녀를 위해 망원경을 추천해달라는 엄마 아빠들의 질문은 천체관측 커뮤니티에서 흔히 접할 수 있으나, 거의 100% 동일한 결론에 도달한다. "사지 마세요."

아이들의 관심은 수시로 변한다. 축구선수가 되고 싶었다가, 경찰로 바뀌었다가, 필자처럼 천문학자에 관심이 생길 수도 있다. 그러다 얼마 지나지 않아서 아이들의 관심은 또 변하기 마련이다 (조강욱 어린이는 특이하게도 천문학자의 꿈이 10년 넘게 바뀌지 않았다. 예외도 있는 법).

'초등학생용 망원경'이란 것은 존재하지 않는다. 인터넷에서 학생용 망원경이라 광고하는 10만 원 언저리의 제품들은 그저 조악한 장난감에 지나지 않는다. 10만 원짜리 비싼 장난감은 10만 원어치의 값어치를 하겠지만, 10만 원짜리 망원경은 그 가치를 찾기 쉽지 않을 것이다. 동호회에서 여러 조언을 얻어서 입문용의 저렴한 망원경을 장만한다 해도 어떻게 망원경을 조립하는지, 어떻게 별을 찾는지, 내가 보고 있는 대상이 어떤 의미인지 초등학생, 특히 저학년 학생이 이해하기에는 너무 어려운 일이다.

따라서 결국은 부모님, 특히 아빠의 일이 되는데, 이 경우 망원경을 사고 몇 달이 지나면 보통 망원경은 거실의 빨래걸이로 전락하거나 아빠의 새로운 장난감이 되는 경우가 많다.

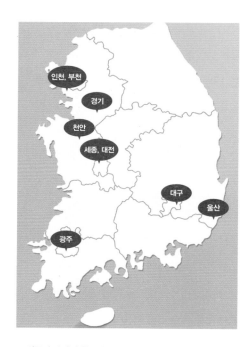

■ 전국의 어린이 천문대 위치

인천, 부천
경기
천안
세종, 대전
대구
울산
광주

초등학생 자녀가 별과 우주에 관심이 많고 망원경을 사달라고 조른다면, 우선 천문대 프로그램에 참여하는 것을 강력히 추천한다. 전문가 선생님의 설명을 들으며 밤하늘을 이해하고, 천문대의 망원경으로 아이 눈높이에 맞는 대상들을 관측하는 프로그램이 전국의 천문대에서 운영되고 있다. 특히 전국 대도시 인근에는 '어린이 천문대'라는 초등학생에 특화된 프로그램을 갖춘 천문대를 쉽게 찾을 수 있다(www.astrocamp.net).

초등학생 아이용 망원경은 이런 프로그램을 충분히 이용하고 나서 생각해도 늦지 않을 것이다. 그때쯤 되면 아이도 '내가 무엇을 원하는지' 훨씬 더 잘 이해하게 될 테니까 말이다.

　필자는 종종 학생들을 상대로 특강을 했었는데, 경험상 중학생 이상은 천체관측과 망원경을 이해하고 즐기는 데 큰 무리가 없어서 성인 기준으로 장비를 구비해도 문제가 없다. 다만 차량을 이용한 원거리 관측이 자유롭지 않다는 점은 고려해야 한다.

19. 초등학생 아이용 망원경 추천해주세요

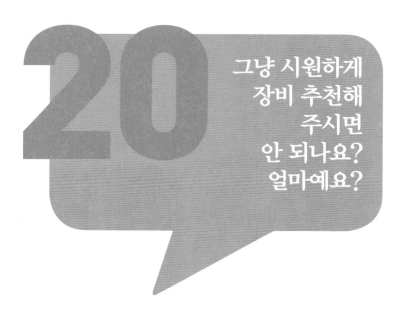

그냥 시원하게
장비 추천해
주시면
안 되나요?
얼마예요?

필자가 최근에 비행 시뮬레이션 세계에 입문하면서 가장 힘들었던 것은 프롤로그에도 언급한 바와 같이 적당한 입문자용 조종 장비를 찾는 일이었다. 종류는 너무나 많고 용어들은 알아들을 수가 없었다. 그냥 시원하게 "초보는 이거 이거 사세요" 하면 좋겠는데 그런 글이나 영상은 찾기 어려웠다. 사람의 취향은 백이면 백 모두 다르고, 필자 같은 초보자의 경우 뭐가 어떻게 좋은지 설명을 들어도 판단하기가 어렵기 때문이다(오랜만에 겪은 초보의 설움은 이 책을 쓰면서 좋은 지침이 되었다). **천체관측용 망원경을 사는 일도 하나도 다르지 않다.**

우선 가장 먼저 해야 할 일은 질문 17번에서 언급한 것과 같이 본인이 안시관측을 하고 싶은지, 천체사진을 하고 싶은지 자신의 취향을 확인하는 것이다. 두 가지를 같이 하고 싶다면? 그건 적극적으로 말리고 싶다. 안시와 사진은 장비도 다르고 배워야 하는 기술도 전혀 다르다. 그리고 대략 8시간밖에 되지 않는 밤 시간에 그 두 가지를 다 하기에는 시간도 부족하다. 안시·사진 짬짜면은 우선 고수가 된 다음에 다시 생각해보자.

두 번째는 예산이다. 사실 필자도 너무 저렴한 망원경은 어떤 제품이든 추천하기가 어렵다. 1천만 원짜리 망원경은 1천만 원어치, 100만 원짜리 망원경은 100만 원어치 성능을 내지만 10만 원짜리 망원경으로는 아무것도 할 수 없다. 아무리 적게 잡아도 70~100만 원 이상은 예산을 확보하는 것을 추천한다.

인터넷 쇼핑몰에서 40~50만 원 정도 하는 망원경도 꽤 쓸 만해 보일 수는 있지만, 저렴한 망원경을 구입할수록 반드시 직접 만져보고 가대 조작을 해보고 사야 한다. '저렴이'일수록 경통보다는 가대와 액세서리가 부실하다. 가대 핸들을 돌려보고 이동하고자 하는 방향으로 정확하게 부드럽게 움직이는지, 정지하고 싶을 때 정확히 멈추는지, 경통을 조금만 건드려도 진동이 생기지 않는지 확인하자. 미세하게 떨리는 것이 별것 아닌 것 같아 보이지만, 그 상태로 100배 배율로 천체를 본다면 멀미 나서 관측이 불가능하다.

또한 아이피스(접안렌즈), 파인더(조준경)와 같은 부속 장비 역시 저렴한 망원경에 딸려오는 번들 제품은 성능이 좋지 않아서 조만간 추가 지출을 하게 될 가능성이 높다. 왕초보라도 안시관측용 신품 망원경을 기준으로 각종 액세서리 포함 총 100만 원 이상 예산을 잡아야 쓸데없는 장비 걱정 없이 천체관측을 즐길 수 있다. '가성비'에만 너무 집착하면 싼 게 비지떡이란 격언을 몸소 깨닫게 된다.

세 번째는 본인이 들고 다닐 수 있는지 여부이다. 망원경을 처음 구입하는 사람들은 우선 그 크기와 무게에 놀란다. 집 앞에서만 볼 계획이면 큰 문제가 되지 않지만, 교외의 관측지로 이동하기 위해서는 차에 수납이 되는 크기여야 하고, 무게나 높이도 본인이 감당할 수 있는지 구입 전에 먼저 가늠해보아야 한다. 학생의 경우 차량 이동을 위해 부모님의 도움이 꼭 필요하므로 엄빠를 설득하는 게 먼저다. 망원경은 크면 클수록 좋지만, 너무 커지면 그만큼 생각할 것도 많아지고 챙길 짐도 많아져서 결국 관측을 나가는 횟수가 줄어들게 된다.

네 번째, 신품을 사도 좋지만, 예산 절감을 위해 중고 장터를 적극 활용하는 것도 좋은 방법이다. 광학기기는 소모품이 아니기 때문에, 광학계와 기구부 관리만 잘 되어 있다면 외관이 험하거나 연식이 좀 된 제품을 구입해도 큰 문제가 없다. 사람들이 많이 쓰는 검증된 장비는 그 사용 인구만큼 중고 장터에도 자주 등장하고 대략적인 시세도 책정되어 있다. 초보일수록 정체불명의 신제품보다는 많은 별쟁이들이 쓰고 있는 검증된 인기제품을 구입하는 것을 추천한다.

중고 망원경을 살 때는 절대 절대로 일반적인 중고장터(중고나라, 당근마켓 등)를 이용하면 안 된다. 필자도 중고나라를 애용하는 회원이긴 하지만, 망원경은 세심한 관리가 필요한 광학장비이므로 중고장터도 전문 시장을 이용해야 한다. '아스트로마트 (www.astromart.co.kr)'와 '별하늘지기'(cafe.naver.com/skyguide)' 두 곳의 중고장터가 있는데, '별하늘지기'는 정회원이 되어야만 중고장터를 이용할 수 있고, 대부분의 장비들은 '아스트로마트'와 '별하늘지기'에 동시에 매물이 올라오므로 '아스트로마트'에 회원가입을 하고 중고장터를 살펴보는 것이 낫다.

망원경 '전문' 중고마켓을 꼭 이용해야 하는 이유는 사기 예방과 중고물품 품질 확보를 위해서이다. 우리나라는 천문 인구가 아직 그리 많지 않아서 전국의 별쟁이들이 한 다리 건너면 거의 100% 서로 아는 사이가 되는 관계로, 얼굴이 보이지 않는 중고 장터라 해도 함부로 처신을 하는 경우는 거의 없다(잘못하다간 별나라에서 퇴출!). 사기 물품에 낚이거나 하자 제품이 거래될 위험이 큰 일반 중고 장터보다는 판매자의 신원을 어느 정도 확인할 수 있는 '아스트로마트'나 '별하늘지기'가 훨씬 안전하다. 필자도 모든 중고 거래를 이 두 곳에서 하고 있다.

그래서 뭐를 사라는 거냐는 외침이 막 들리는 듯하다. 다음 페이지에 필자의 전문 분야인 안시관측에 쓸 만한 모델을 몇 가지 추천해본다. 사실 여러 망원경 판매사 사장님들과도 개인적인 친분이 있는 관계로 실제 판매되는 모델을 언급하는 게 부담이 되긴 하지만, 필자는 이 회사들과 금전적으로 아무런 관련이 없음을 분명히 밝혀둔다.

8~10인치 돕소니언 망원경

근래에 안시관측 입문자들이 가장 많이 선택하는 장비는 돕소니언식 반사망원경이다(이름이 길어서 그냥 '돕Dob'이라 칭하는 경우가 많다). 드라마 남자 주인공이 멋지게 보고 있던 흰색 굴절망원경과는 달리 이 아이들은 망원경이 맞는지도 의심이 갈 정도의 외모를 가지고 있다.

돕소니언은 전통적인 망원경의 핵심 요소인 가대를 아예 없애고, 경통을 지지하는 받침대(로커박스)를 상하좌우로 움직여서 천체를 찾는다. 따라서 일반적인 반사망원경과 비교해서 훨

■ 스카이워처 10인치

■ GS 옵틱스 8인치

169

썬 저렴하고 큰 망원경을 장만할 수 있다. 천체관측의 진리의 말씀 중 하나가 '구경이 깡패'인 것을 생각하면 대구경 돕의 유행이 낯설지 않다.

돕소니언 망원경은 12인치, 16인치, 20인치까지도 구할 수 있지만, 구경이 커질수록 이동도 보관도 사용법도 생각할 것이 많아져서 초심자가 운용하기는 쉽지 않다. 그래서 필자는 누구나 부담 없이 쓸 수 있는 8인치~10인치를 추천하고, 본인의 체력과 차량이 받쳐준다면 12인치도 좋은 선택이 될 수 있다(정밀도는 둘째 문제, 구경이 커야 더 밝고 시원하게 보인다). 필자는 주문제작품인 16인치 수제 돕Nam's Dob을 주 망원경으로 사용한다.

메이커는 스카이워쳐SkyWatcher와 GS 옵틱스GSO 제품이 대중적으로 많이 팔린다. 미러 정밀도, 기구부 마감 등 전체적인 품질이 아주 뛰어나지는 않지만, 착한 가격만큼의 가치는 충분히 한다고 생각한다. 이 외에도 미드Meade, 오리온Orion 사에서도 비슷한 수준의 쓸 만한 보급형 돕소니언 망원경이 생산된다.

기존에는 원가 절감을 위해 앞 페이지 오른쪽 사진과 같이 큰 원통으로 된 돕이 대부분이었으나, 보관과 이동이 상대적으로 불편하고 무게도 많이 나가서 근래에는 위 왼쪽 사진과 같이 주경부와 사경부를 기둥으로 연결하여 부피와 무게를 줄인 제품이 점점 늘어나고 있다.

4인치 굴절망원경 + 경위대

이동 수단이 없어서 도시의 집 근처에서만 관측을 해야 하는 경우는 굳이 큰 망원경을 구비할 필요가 없다. 광공해가 가득한 하늘에서는 집광력이 큰 대구경 망원경도 힘을 쓰지 못한다. 어차피 달과 행성 등 밝은 대상만 볼 계획이라면 부피가 작아서 더 기동성이 좋은 굴절망원경으로도 충분하다. 굴절망원경은 60mm부터 70mm, 80mm, 90mm 등 다양한 구경이 시판되고 있지만, 이 역시 구경이 커야 잘 보이는지라 최소한 80~100mm(4인치) 정도의 경통을 장만하는 게 좋다.

굴절망원경을 구매할 때, 자칫 경통 가격보다 가대 가격이 더 비싸질 수도 있다. 별을 추적하는 장비인 적도의의 정밀도에 따라 가격은 기하급수적으로 올라가게 되는데, 본격적으로 천체사진을 찍을 것이 아니라면 안시관측에 적도의는 전혀 필요가 없다. 상하좌우 이동이 되는 경위대면 충분한데, 이중에서도 너무 저렴한 제품은 부실한 기계적 성능으로 인해 원하는 대로 부드럽게 움직여지지 않는 제품도 많다.

■ 빅센 포르타

경위대 중에서는 필자가 쓰고 있는 빅센^{Vixen} 사의 포르타^{Porta} 경위대를 추천한다(또는 비슷한 구조를 가진 다른 회사의 유사 제품도 좋다). 무게중심만 잘 맞추면 손가락 끝으로도 움직일 수 있을 정도로 부드럽고, 미동 핸들로 세밀한 조작도 가능하다. 또한 경통과 가대를 일괄로 구입하는 것보다는 입맛에 맞게 따로 사는 것이 선택의 폭이 더 넓어진다.

혹시 집 앞에서, 오직 달 한 가지만 보겠다고 생각한다면 온라인에서 파는 아주 저렴한 망원경도 가능하다. 이런 망원경은 우스갯소리로 '달용이'라고 부르는데, 좋게 말하면 달 관측 전용 망원경이고, 솔직히 말하면 달 말고는 불가능하다는 의미다.

신품을 구매할 경우, 망원경 구입 후 사용법 자문과 사후 A/S 등 판매사에서 어떤 도움을 받을 수 있는지 꼭 확인하자. 전문성이 없는 회사일수록 팔고 나면 끝인 경우가 더러 발생한다. 중고로 구입하는 경우는 동호회 활동을 통해 해결해야 한다(신품을 사더라도 동호회는 필수).

옆의 QR코드 링크는 필자의 액세서리들을 소개하는 글이다. 네이버 카페 '별하늘지기'에서는 '천문가의 가방'이라는 릴레이 연재를 통해 여러 별지기들이 자신이 사용하는 장비와 노하우를 직접 공유하고 있으니 하나씩 읽어보면서 별동네의 고수들이 주로 쓰는 장비는 어떤 것들이 있는지 알아보자. 다만 이 글들은 오랫동안 천체관측을 한 베테랑 별지기들의 장비 구성이니 입문 단계부터 욕심을 낼 필요는 없다.

20. 그냥 시원하게 장비 추천해주시면 안 되나요? 얼마예요?

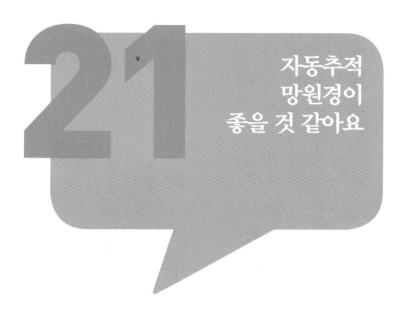

21 자동추적 망원경이 좋을 것 같아요

최근 몇 년 사이에 20~30만 원대의 저렴한 자동추적 망원경이 인기를 끌고 있다. 우선 저렴하고, 버튼만 누르면 망원경이 천체를 자동으로 찾아주므로 어떻게 별을 찾나 하는 막연한 두려움에서 해방될 수 있다. 하지만 필자는 자동추적 망원경은 입문자에게 절대로 추천하지 않는다. 그 편리함이 부메랑으로 돌아오기 때문이다.

별보기의 첫걸음은 하늘을 알아가는 것에서부터 시작한다.

지금 눈앞에 보이는 밝은 별은 무엇인지, 주요 별자리들이 어디에 보이는지, 달은 언제 어떤 모양으로 뜨고 지는지, 별들은 어떻게 어느 방향으로 회전하는지 등등…. 이 기본기가 확실히 쌓여야 큰 어려움 없이 천체관측을 즐길 수 있게 된다.

초보 시절에 자동추적 망원경을 사용하게 되면 이와 같은 기본기를 익히는 데 소홀하게 된다. 하늘에 뭐가 어디에 있는지 몰라서 막막하기만 한 상황에서, 똑똑하게 자기가 알아서 목성이며 오리온대성운을 찾아주는 GOTO(자동추적) 망원경은 친절하고 기특하기까지 하다. 하지만 기계가 찾아주는 편리함에 의존할수록 초보 탈출은 더더욱 요원한 일이 된다.

망원경으로 안시관측을 하는 재미는 찾는 재미가 절반, 보는 재미가 절반이다. 밤하늘의 아름답고 신기한 대상들을 내 눈으로 보는 것도 물론 멋진 일이지만, 그에 못지않게 그 희미한 대상을 찾아가는 과정에도 쏠쏠한 재미가 있다. 하늘 여기저기 숨겨져 있는, 육안으로는 보이지 않는 대상을 본인만의 루트로 찾아가는 과정에는 일종의 보물찾기와 비슷한 즐거움이 있다. 물론 그 길이 쉽지는 않지만, 목표한 대상에 한 걸음 한 걸음 더 가까이 다가가서 결국 망원경 시야에 잡는 그 순간은 낚시로 물고기를 잡는 손맛에 비유할 수 있을 것이다(찾았다!

하는 외마디 탄성이 자동으로 나온다). 그리고 입문 단계에서는 아직 관측 기술이 부족하여 같은 대상을 보더라도 베테랑 관측자에 비해서 더 흐릿하고 어둡게 보이기 때문에, 찾는 과정의 즐거움이 찾아놓은 대상을 관측하는 즐거움보다 더 큰 경우가 많다.

그런데 GOTO를 사용하게 되면 찾는 즐거움을 느낄 기회를 뺏기게 된다. 게다가 저가형 GOTO 망원경은 광학계의 구경 또한 제한적이라 보는 즐거움은 더욱 떨어질 수밖에 없다. 망원경의 GOTO 장치에는 수천 가지 대상의 위치가 저장되어 있지만, 찾아놓아도 구경의 한계로 보이지 않는다면 큰 의미가 없는 일이다. 또한 본인이 힘들게 찾아놓은 대상은 아까워서라도 열심히 보게 되는데, 기계가 자동으로 찾아놓은 대상은 그런 간절한 마음이 없어서 대충 흘깃 보고 다음 대상으로 이동하기 십상이다. 취미생활 하는 데에 무슨 간절함까지 필요할까 싶지만, 돈만 있다고, 또 시간만 있다고 별이 와서 보여지는 것이 아니기 때문에 간절히 별을 보고 싶은 마음은 천체관측 취미의 큰 원동력이 된다.

천체관측은 장비도 물론 중요하지만, 오래도록 멋진 취미생활을 즐기기 위해서는 자신의 내공을 키우는 것이 더욱 중요하다. 별자리를 익히는 것도, 그 별들 사이 사이의 성운과 성단들을 찾아가는 것도, 망원경을 자유자재로 다루는 것도 모두 눈으로 몸으로 익혀야 하는 기술들이다. 자동도입 망원경 컨트롤러로 하룻밤에도 수십 개의 대상을 손쉽게 찾아볼 수는 있지만, 내 손으로 직접 찾아서 정성껏 뜯어보는 한 개의 대상이 별보기 공부에는 훨씬 큰 도움이 된다.

입문자용 자동도입 망원경에 대해서는 그 장단점에 대해 사람마다 의견이 분분하지만, 필자가 한 가지 분명히 해줄 수 있는 얘기는 안시관측 고수들 중에서 자동도입 망원경에 의존하는 사람은 단 한 명도 없다는 것이다.

한 가지 덧붙일 얘기는, '천체사진'은 자동도입 장비가 기본이다. 이번 장의 얘기는 '안시관측'에 한정한 내용이다.

이런 경우엔 저가형 자동도입(GOTO) 장비 추천

1. 도심에서 달과 행성 등 밝은 대상만 볼 경우 (중·고교 천문동아리의 보조 장비, 베란다 관측용 등)

2. 노안으로 인해 성도와 파인더로 별을 찾기 어려워진 경우

3. 별보기에 처음부터 많은 시간과 노력을 투자하기 어려운 경우, 본격적인 입문 전에 가볍게 천체관측의 맛보기를 경험하기에는 괜찮은 장비이다.

177

별지기의 주적이 광해인 이유
망원경의 구경이 깡패인 이유

별지기들은 왜 그리 광해를 미워하고 구경을 갈망할까?

백문이 불여일견이다. 망원경으로 한 번 보면 왜 어떨 때는 탄성이 나오고 어떨 때는 욕이 나오는지 바로 알 수 있는 일이지만, 아직 경험이 없다면 다음의 그림으로 간접 체험을 해보자.

필자가 망원경으로 관측하면서 그린 천체스케치를 가지고 어둡게 변형하여 안 좋은 환경에서 어떻게 보이는 모습이 달라지는지 표현해보았다. 필자가 왜 많은 지면을 할애해서 관측지 찾는 법과 망원경 고르는 법에 관해 얘기했는지 이해할 수 있을 것이다.

광해 수준별 보이는 모습 [16인치로 보는 전갈자리 M4 구상성단]

광해가 적어질수록 배경이 점점 어두워지고, 대상의 명암 대비가 뚜렷해진다.

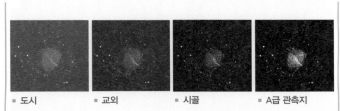

<table>
<tr><td>■ 도시</td><td>■ 교외</td><td>■ 시골</td><td>■ A급 관측지</td></tr>
</table>

구경별 보이는 모습 (A급 관측지에서 보는 전갈자리 M4 구상성단)

구경이 커질수록 순백색의 별빛과 구름 같은 성운기가 진하게 살아난다.

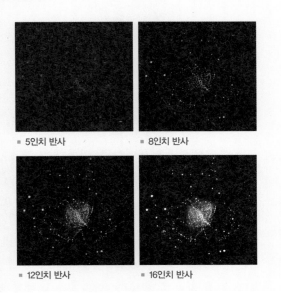

■ 5인치 반사   ■ 8인치 반사

■ 12인치 반사   ■ 16인치 반사

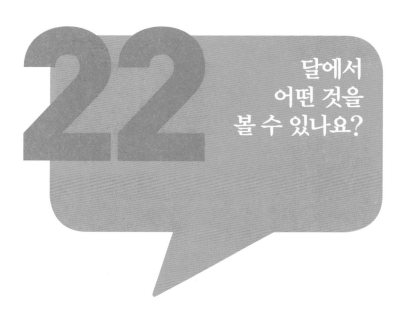

달에서
어떤 것을
볼 수 있나요?

달은 두 얼굴을 가지고 있다. 맨눈으로 보는 달에서는 그저 차고 기우는 위상 변화만을 확인할 수 있지만, 망원경으로 보는 달은 처음 보는 사람에게는 충격 그 자체다. 달의 산맥과 크레이터와 같은 역동적인 지형들을 바로 눈앞에서 보는 것처럼 생생하게 볼 수 있기 때문이다.

달 관측의 가장 큰 장점은 망원경을 차별하지 않는다는 것이다. 50만 원짜리 망원경으로 보는 달의 모습은 명품 망원경의 달과 그리 크게 다르지 않다. 또한 달은 워낙 밝고 크기 때문에, 망원경에 눈을 대고 라이브로 보이는 모습이 잘 찍은 천체사진과 별로 다르지 않다.

▪ 달은 낮에도 볼 수 있다.

보통 천체관측의 어려움이라면 대상이 너무 어둡거나 크기가 작아서 시원하게 보기가 어렵다는 것인데, 달은 충분한 광량이 받쳐주기 때문에 저렴한 작은 광학계로도 무리 없이 관측을 할 수 있다. 1609년 갈릴레오 갈릴레이가 인류 최초로 망원경을 하늘로 향해 겨누어본 대상도 달이다.

이 광량 덕분에 일반 시민들을 대상으로 하는 공개관측회에서 달은 독보적인 대상이 되었다. 어르신도, 미취학 아동도 아무런 관측 기술도 필요 없이 한밤중에도, 파란 하늘에서도 모두가 확실하고 선명하게 달의 구덩이들을 볼 수 있고, 사람마다 어떤 반응을 보일지 예상해보는 깨알 같은 재미도 있다 (비명, 탄성 또는 탄식, 현실 부정, 욕설, 혼잣말 등이 일반적이다).

달을 본 사람들의 재미있는 평가 중 하나는 곰보딱지, 또는 공사장에서 콘크리트 잘못 부은 것같이 생겼다는 것이다. 워낙에 움푹 파인 거대한 구덩이들이 많고, 그 사이사이에 높은 산맥들도 강렬하게 솟아 있기 때문이다. 콘크리트를 이렇게 멋지게 깔 수 있다면 나도 만들어보고 싶다.

달의 주요 구조들을 하나씩 알아보자.

그 첫 번째는 뭐니 뭐니 해도 크레이터Crater다. '분화구'라는 표현도 종종 볼 수 있는데, 달의 구덩이는 대부분 지구의 화산 분화구처럼 분출로 인해 만들어진 것이 아니라 태양계를 떠돌던 크고 작은 돌멩이(운석)들이 달의 중력에 이끌려 달 표면에 충돌한 충격으로 파인 것이기 때문에 '분화구'가 아니라 '크레이터'라는 표현을 쓰는 것이 맞다(한글 표현으로는 충돌구라는 용어가 있지만 잘 사용되지 않는다).

달 표면에는 이런 크레이터가 거의 1만 개 가까이 존재한다. 달 전체가 동그란 구멍들로 가득하다는 얘기다. 그중에서도 큰 것은 지름이 100km가 넘어서 작은 망원경으로도 멋지게 관측할 수 있다(서울시의 동서 간의 길이가 37km이니 대형 크레이터의 크기를 짐작할 수 있다). 지구의 별쟁이들에게 인기 좋은 아이들을 꼽

■ 플라토 크레이터와 알프스산맥
(김석희, 2020)

■ 아르키메데스 크레이터와 아페닌산맥
(김석희, 2020)

아보면 광활하고 평평한 플라토^{Plato}, 역동적인 알폰서스^{Alphonsus}
3형제, 커다란 크레이터 안에 작은 크레이터들이 줄줄이 박혀
있는 클라비우스^{Clavius} 등 슈퍼스타들이 즐비하다.

크기와 모양이 다양한 이유는, 운석 충돌 시 충격의 크기에
따라 구덩이의 깊이와 넓이가 달라지기 때문이다. 어떤 경우는
강렬한 충돌의 반작용으로 다음 페이지의 알폰서스와 같이 크
레이터 중앙부에 높은 산이 솟아오르기도 하고, 플라토^{Plato}처럼
깊은 운석 구덩이(크레이터)에 용암이 채워져서 평평하게 흔적만
남는 경우도 있다.

■ **알폰서스 3형제** (김석희, 2020)

■ **코페르니쿠스와 광조** (김석희, 2020)

■ **클라비우스와 아이들** (김석희, 2020)

그다음 볼거리는 높이 솟은 산이다. 달의 주요 산맥들에는 알프스산맥, 코카서스산맥과 같이 지구스러운 이름이 붙어 있는데, 지구의 산맥들보다 느낌상 더 웅장하게 보인다. 필자가 생각하기엔 이 아이들은 멀리서 한눈에 조망이 가능하고, 풀 한 포기 없이 황량해서 더욱 거대하게 보이는 것이 아닐까 싶다.

그 외에도 달 표면의 단층 형성으로 인한 계곡 지형, 크레이터를 만든 운석의 잔해물들이 방사형으로 비산하여 만든 광조, 맨들맨들한 달의 바다 등 셀 수 없을 정도로 많은 지형을 어렵지 않게 볼 수 있다. 달 사진을 오랫동안 찍어온 젊은 고수, 김석희 님의 달 사진에서 다양한 구조를 찾아보자(왼쪽 사진들은 모두 같은 날 촬영한 상현달 안의 지형이다). 달은 위에 언급한 대로 사진으로 찍은 것과 안시관측으로 보는 모습이 거의 동일하기 때문에, 옆의 사진과 같은 모습을 어렵지 않게 볼 수 있다.

망원경으로 달의 특정 영역을 '잘' 보고 싶다면 때를 기다려야 한다. 달은 지구의 공전에 의해 한 달에 한 번씩 차고 기울며 보이는 영역이 항상 달라진다. 이때 태양 빛이 비치지 않아 보이지 않는 부분과 햇빛이 비치는 부분이 만나는 달의 날카로운 경계 부분을 명암경계선 또는 터미네이터Terminator라고 한다.

보고자 하는 크레이터나 지형이 달의 명암경계선에 위치할 때가 바로 그 아이의 참모습을 볼 수 있는 시간이다. 이때는 달의 입장에서 일출이나 일몰과 같은 상황이기 때문에 모든 구조들의 그림자가 급격하게 길어지고, 햇빛이 비치는 지역과 어둠이 내린 지역의 대비가 훨씬 강렬해진다. 그에 따라 원래 잘 보이던 커다란 지형은 더욱 극적으로 명암이 강조되고, 태양이 높이 떠 있을 때는 전혀 보이지 않던 아주 미세한 구조들까지

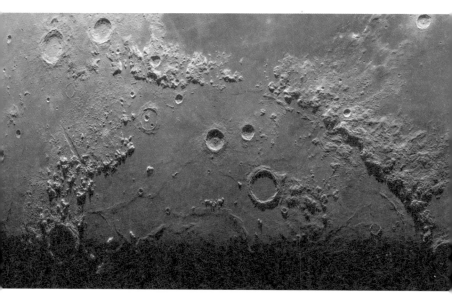

■ **비의 바다의 아침** (김석희, 2021)

그 모습을 드러낸다. 가느다란 실 같은 계곡(물이 흐르는 계곡은 당연히 아니고 생긴 것만 비슷함)이나, 크레이터 봉우리 주위의 미묘한 디테일은 터미네이터 위에서만 잠시 볼 수 있는 아름다움이다.

그리고 몇 시간쯤 지나면 낮은 지형부터 차츰차츰 어둠에 잠겨서 산봉우리만 빛의 섬처럼 애처롭게 빛나다가 소멸하는 말도 안 되는 황홀한 모습도 연출한다. 반대로 달이 차오를 때는 어둠 속에서 산봉우리부터 서서히 모습을 나타내는 순간도 포착할 수 있다. 왼쪽 사진 '비의 바다의 아침'은 비의 바다 지역에 해가 떠오를 때의 모습이다. 앞에 소개한 사진 '플라토 크레이터와 알프스산맥', '아르키메데스 크레이터와 아페닌산맥' 지역이 모두 포함되어 있는데(잘 맞춰보면 완벽히 일치한다는 것을 알 수 있다), 완전히 딴판으로 보이는 것은 전적으로 그림자가 만드는 마술이다. 이 사진에서 어둠 속에서 아침 햇살을 받으며 서서히 존재를 드러내는 플라토 크레이터를 찾아보자.

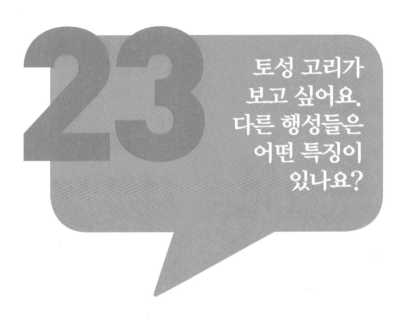

23

토성 고리가
보고 싶어요.
다른 행성들은
어떤 특징이
있나요?

앞장에서 공개관측회 최고의 슈퍼스타는 달이라고 했는데, 달과 양대산맥을 이룰 한 가지가 더 있으니 그것은 바로 토성, 정확히는 토성의 고리다. 토성은 특유의 그 귀엽고 깜찍한 고리 때문에 세계인들의, 특히 여성분들의 인기를 독차지한다. 필자가 살고 있는 뉴질랜드 오클랜드에서도 종종 공개관측회(Public Telescope Viewing이라고 한다)가 열리는데, 토성을 본 여자들의 반응은 유치원생부터 백발 할머니까지 놀라울 정도로 동일

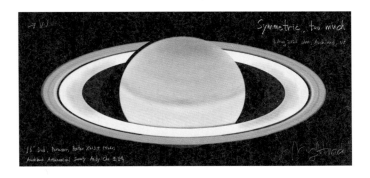

■ **필자의 토성 관측 스케치** (조강욱, 16인치 반사, 갤노트8 & 터치펜, SketchBook App)

하다. "Oh My Goodness!!!" 책에서만 보던 그 고리가 진짜로 눈앞에 보인다는 데에 깜짝 놀랄 수밖에(반대로 남자들에게선 다양한 종류의 리액션과 비속어를 들을 수 있다).

무엇이 그리 놀라울지 필자의 그림으로 살펴보자.

어느 맑은 날 자정, 집 뒷마당에 망원경을 펼쳐놓고 토성을 보며 휴대폰의 그림 앱으로 눈에 보이는 그대로 그려보았다. 이걸 직접 본다면 누구나 "Oh My Goodness!"가 나오지 않을 수가 없다. 완벽한 균형을 가진 아름다운 고리들! 실제로 토성의 고리는 하나가 아니라 A링(바깥쪽의 색이 짙고 폭이 좁은 고리), B링(A링 안쪽의 좀 더 밝고 넓은 고리), C링(B링 안쪽으로 반투명으로 보이는 부분) 등 여러 겹의 고리로 되어 있어서 영어로도 'Ring'이 아니라 'Rings'라고 한다. 특히 A링과 B링 사이에는 그림과 같이 가느다란 틈을 쉽게 찾을 수 있는데, 이것은 카시니 간극^{Cassini's} ^{Division}이라 부르는 토성의 매력 포인트이다.

토성의 본체와 고리가 만나는 지점을 자세히 살펴보면 토성 본체가 토성 고리에 드리우는 거대한 그림자도 볼 수 있고, 반대로 고리의 그림자가 토성 본체를 살짝 가리는 모습도 보인다. 이 외에도 토성의 관측 포인트에 대해서는 하고 싶은 얘기가 아주 많지만, 너무 심오한 기술적인 내용이라 이 책에서는 생략한다. 다만 망원경을 가리지 않고 만인에게 평등하게 아름다운 자태를 드러내는 달과 달리, 토성은 망원경을 엄청 많이 차별한다. 고가의 대형 망원경으로는 날카롭고 화려한 토성을 볼 수 있지만, 저렴한 장비로는 작고 흐릿한 상에서 고리의 존재 유무를 확인하는 것으로 만족해야 할 수도 있다(사실 그것만으로도 기분이 좋아진다).

보는 김에 다른 행성들도 알아보자. 토성보다 인기는 조금 떨어지지만 더 밝게 잘 보이는 목성이 그다음이다. 목성에서 보아야 할 것은 두 가지, 목성 표면의 다양한 줄무늬와 4대 위성의 움직임이다. 목성은 두꺼운 대기를 가지고 있고, 목성의 자전에 의해 구름 띠 같은 대기도 같이 움직인다. 작은 망원경으로는 목성의 적도 즈음에서 살짝 위아래로 어두운 색의 넓은 줄무늬Belt 두 개를 찾을 수 있고, 망원경이 커질수록 필자의 스케치와 같이 다양하고 미묘한 패턴들을 관측할 수 있다. 이 줄무늬는 대기의 움직임이기 때문에, 자세히 보면 그냥 직선의 줄이 아니고 정말로 구름 같은 다양한 모습을 하고 있고 그 모양이 계속해서 조금씩 변한다.

또한 지금 보고 있는 목성의 구조들이 1시간 뒤에는 목성의 자전으로 조금 옆으로 이동하는 것도 눈으로 확인할 수 있다. 그리고 운이 좋다면 남쪽 밝은 줄무늬SEB, South Equatorial Belt에 걸쳐 있는 오렌지색 계열의 타원형 소용돌이, 대적반을 볼 수 있다. 크기는 작지만, 붉은빛의 강렬한 눈동자는 눈에 잘 띈다. 운이 그리 좋지 못해서 대적반이 보이지 않는다면, 그냥 기다리면 된다. 목성은 대략 10시간에 한 번 자전을 하기 때문에, 방금 전에 대적반이 목성 뒤로 넘어갔다고 해도 최대 5시간만 기다리면 다시 돌아 나오는 대적반을 볼 수가 있다. 별보기는 운보다는 정성이다.

■ 가니메데가 목성을 돌아 나오는
순간을 대적반이 지켜보고 있다.

23. 토성 고리가 보고 싶어요. 다른 행성들은 어떤 특징이 있나요?

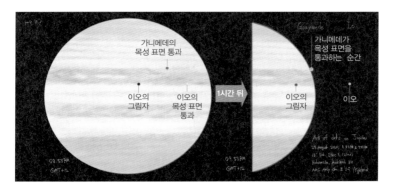

■ 필자의 목성 스케치. 1시간 간격으로 관측하며 위성들의 움직임을 기록해보았다.

목성에서 첫 번째 봐야 할 것이 목성 표면의 패턴이라면, 그
다음은 목성의 4대 위성이다. 목성의 위성은 현재까지 밝혀진
것만 50개가 넘지만, 별지기들의 망원경으로는 그중에서 가장
크고 밝은 4대 위성인 이오^{Io}, 유로파^{Europa}, 가니메데^{Ganymede}, 칼
리스토^{Callisto}까지만 쉽게 볼 수 있다. 갈릴레오 갈릴레이가 처
음 발견하여 갈릴레이 위성$^{Galilean Moons}$이라고도 불린다. 이 아이
들은 항상 목성 근처를 돌며 공전을 하고 있는데, 목성과의 거
리와 공전 주기도 제각각인 데다가 공전궤도면이 지구의 시선
방향과 거의 일치하는 관계로, 우리가 망원경으로 목성을 보면
작고 하얀 점 4개가 직선으로 목성 주위를 왔다 갔다 하는 것
처럼 보인다. 이 위성들의 움직임은 작은 망원경으로도 아주

잘 보이고, 때로는 목성 위를 통과하는 위성의 모습이나 그 위성이 목성의 표면에 남기는 그림자, 목성 뒤로 위성이 숨었다 나타나는 순간을 포착할 수도 있다. 필자의 목성 스케치에 보이는 작은 동그라미들이 그들이다(대적반이 나타나는 시간도, 위성의 움직임도 '스카이사파리'나 '스텔라리움' 등의 전자 성도로 미리 정확하게 예측할 수 있다).

이 위성들의 움직임은 천문학을 넘어 인류의 역사에도 큰 영향을 미쳤는데, 갈릴레이는 처음에는 이 점들이 왜 왔다 갔다 하는지 이해하지 못하다가 이내 목성을 돌고 있는 위성들임을 알게 되었다. 지금이야 당연한 얘기이지만 그 당시만 하더라도 모든 천체가 지구를 돌고 있다는 '천동설'이 진리로 받아들여지고 있던 시절이라, 갈릴레이는 이 사실을 발표한 이후 종교의 권위에 대항하는 이단으로 몰려 오랫동안 갖은 고초를 겪어야 했다. 그래도 결국 지구는 돌고 있지만….

■ 1610년 갈릴레이의 목성 위성 스케치

23. 토성 고리가 보고 싶어요. 다른 행성들은 어떤 특징이 있나요?

■ 필자가 최선을 다해서 봐도 이 정도

토성, 목성 다음으로 망원경으로 볼 만한 행성은 화성이다. 다만 질문 14번에서 설명한 대로 2년에 한 번 있는 화성 최근접 시기에 보아야 한다. 평소에는 그냥 뿌옇고 작은 오렌지색 탁구공 모양밖에는 볼 수 없지만, 이때에는 평소보다 몇 배나 더 크게, 그리고 검붉은 지형과 극관을 선명하게 볼 수 있다. 사실 필자도 이때만 한두 달 잠깐 화성을 겨누어볼 뿐, 평소에는 눈길을 잘 주지 않는다. 하지만 잘 보인다고 해도 목성이나 토성처럼 역동적이고 선명하게 보이질 않아서 지구 별지기들의 인기 순위에서 밀리게 되었다.

지구보다 태양에 가까이 위치한 내행성들(금성 & 수성)은 육안으로는 밝게 잘 보이지만 두꺼운 대기층으로 인해 망원경으로 지표면의 모습을 볼 수가 없고, 달과 비슷한 모양의 위상 변화만 확인할 수 있다. 금성의 위상 변화는 20배율만 되어도 잘 보이니 작은 망원경으로도 어렵지 않게 볼 수 있다. 단, 보이는 게 그것밖에 없어서 실망할 수도 있다.

수금지화목토까지 알아보았는데 천왕성과 해왕성은 어떨까? 이 두 행성은 너무 멀리 있어서 망원경으로 세부적인 구조를 확인하긴 어렵지만, 작은 점이 아니라 부피를 가진 뚜렷한 원반으로는 볼 수 있고, 색깔도 선명하게 보인다. 필자의 느낌으로는 천왕성은 초록색 기운이 있는 하늘색, 해왕성은 회색과 어두운 녹색이 섞인 것 같은 칙칙한 색이다.

약 5.5등급의 천왕성, 7.8등급의 해왕성에 비해 명왕성(현재는 행성 지위가 박탈되어 134340으로 불러야 한다)은 아주 밝을 때도 겨우 14등급이라 대구경 망원경으로도 찾기가 쉽지 않다. 정확한 위치를 찾는다 해도, 수많은 작은 별들 중에 어떤 게 명왕성인지 구분하는 게 만만치 않다.

필자는 명왕성이 134340으로 강등된 지 얼마 지나지 않아서 호주 오지의 맑은 하늘에서 명왕성을 찾는 데 성공했다. 수많은 화려한 천체들에 비하면 볼품없는 미약한 점 하나에 불과하지만, 이 멀리 있는 비운의 작은 돌덩어리를 내 손으로 찾아보았다는 그 희열은 아직도 잊히지 않는다.

▪ 행성을 대하는 마음
(출처/필자의 웹툰)

▪ 암흑성운 위를 통과하는
명왕성 (출처/APOD)

23. 토성 고리가 보고 싶어요. 다른 행성들은 어떤 특징이 있나요?

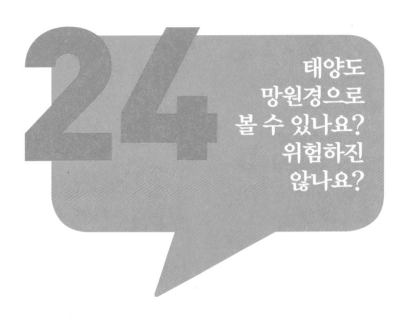

24

태양도
망원경으로
볼 수 있나요?
위험하진
않나요?

태양은 지구에서 가장 가까이 있는 별이다(앞에서도 말했듯이
별은 스스로 불타는 천체를 말한다). 아무리 노력해도 작은 흰 점으로
밖에는 볼 수 없는 다른 모든 별들과 달리, 태양에선 셀 수 없이
많은 다양한 구조를 감상할 수 있다. 다만 안전을 위해서 '태양
전용' 관측 장비를 반드시 사용해야 한다. 맨눈으로 쳐다보기
도 어려운 태양을 안전장비 없이 망원경이나 쌍안경으로 겨눈
다면, 보는 순간 돌이킬 수 없는 눈 손상을 입을 수 있다.

■ 뒷마당에서 필자의 태양망원경을 잠시 시찰 중이신 마님

태양 전용 망원경이나 전용 필터는 안전하고 비싼 선글라스 정도로 생각하면 이해하기 쉽다. 필터를 통해 태양 빛의 극히 일부만 투과시켜서 적당한 밝기로 볼 수 있게 만드는 원리이다.

태양 필터는 경통 전면에 씌워서 사용하는데, 경통 사이즈에 맞게 틀이 만들어져 있는 유리 재질의 제품도 있고, 원하는 크기로 잘라서 붙일 수 있는 필름 형태의 제품도 시판되고 있다. 가격 차이가 있는 관계로 필자는 필름형 제품을 주로 사용했다. 이와 같은 태양 필터들은 태양 빛을 감광하여 1/100,000

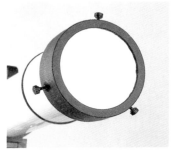

■ 경통 앞에 씌우는 형태의 태양 필터   ■ 마음대로 잘라 쓰는 필름 형태의 필터

정도만 투과시키므로, 망원경으로 빛을 모아서 보더라도 눈 건강에는 전혀 지장이 없다. 그러나 이런 필터는 단순히 빛의 밝기만 감소시키기 때문에, 우리가 볼 수 있는 것은 태양의 흑점밖에 없다. 물론 그것도 멋지긴 하지만 말이다.

오른쪽의 태양 흑점 사진은 서울시교육청과학전시관 김지훈 천문대장의 작품이다(비행기도 찬조 출연). 흑점은 태양 표면의 다른 영역보다 온도가 낮아서 어둡게 보이는 것으로, 말 그대로 검은 점들이 여기저기 산개해 있는 모습이지만, 가끔은 이 사진과 같이 이례적으로 큰 흑점(사진 중앙 아래쪽)도 등장한다. 작은 흑점이라 해도 보통 지구만 한 크기를 가지고 있고, 사진의 대형 흑점은 지구 지름보다 몇 배나 더 크다.

■ 태양 필터로 보는 태양 흑점과 비행기 (김지훈, 2021)

수십만 원대의 비교적 저렴한(!) 가격에 구할 수 있는 태양 필터에 비해 태양만 볼 수 있는 전용 망원경인 태양망원경^{Solar} ^{Scope}은 훨씬 더 비싸다. 앞의 사진에서 마님이 보고 있는 작은 망원경은 필자가 쓰는 Lunt사의 60mm 태양망원경인데, 신품 기준으로 USD $3000이 넘는다(물론 가대와 아이피스 빼고 경통만이 다). 자그마한 망원경을 이 돈을 주고 사는 이유는 그만큼 많은

■ **태양망원경으로 보는 태양** (천세환, 2019)

것을 볼 수 있기 때문이다.

　태양망원경과 아이패드의 그림 앱으로 태양 표면을 기록
으로 남기는 천세환 님의 스케치를 감상해보자. 여기에도 흑점
은 보이지만, 주인공은 태양 표면의 불꽃인 홍염이다. 태양망원
경을 통해 가시광선 영역 중에 Hα 영역만을 필터링하여 태양
을 보면 그간 보지 못했던 신세계가 펼쳐진다. 분수처럼, 때로

는 파도처럼 넘실대는 지구보다 몇 배는 큰 불기둥은 신기함을 넘어 경외감을 느끼게 한다. 또한 이글이글 불타는 태양 표면의 무늬도 생동감 있게 느껴볼 수 있다. 필자는 태양망원경으로 태양 표면을 볼 때마다 뜨거운 열기를 품은 채 불타는 시뻘건 숯이 연상된다.

사실 태양을 망원경으로 관측하는 것은 일반적인 천체망원경보다 장비 가격도 비싸고 사용 방법도 까다로워서 접하기가 쉽지 않다. 따라서 집에서 멀지 않은 천문대에서 태양 관측 프로그램을 이용해보는 것도 좋은 방법이다. 하지만 태양조차도 맑은 날에 보아야 디테일이 살아나는 관계로, 눈부시게 푸르른 날을 골라서 천문대에 방문하는 것이 좋다.

태양 관측의 가장 큰 매력은 역동적인 홍염도, 살아 숨 쉬는 듯한 태양의 표면도, 다양한 흑점의 모습도 몇 시간 뒤엔, 며칠 뒤엔 또 다른 모습으로 바뀐다는 것이다. 내가 지금 보고 있는 모습을 다시는 볼 수 없다는 것, 우리가 지금 이 순간에 열심히 태양을 봐줘야 하는 이유이다.

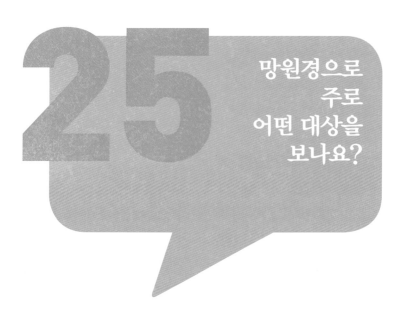

25

망원경으로 주로 어떤 대상을 보나요?

별 보는 사람들은 언제나 더 멀리 보기를 원한다. 처음에는 달과 토성만 봐도 "우와~"가 자동으로 나오지만, 하늘과 망원경에 익숙해질수록 가까이 있는 태양계의 대상들을 시시하다고 느끼고 더 멀리 있는 것들에 관심이 커진다. 도시의 광해 속에서 별을 보아야 할 경우 태양계 대상들과 일부 아주 밝은 성운·성단만 볼 수 있지만, 어두운 관측지에서 별을 본다면 볼 수 있는 대상의 숫자가 몇천~몇만 개로 급격히 늘어난다.

별쟁이들이 망원경으로 주로 보는 대상은 딥스카이^{Deep Sky} ^{Objects}라고 불리는 태양계 밖의 천체들이다. 한국말로 굳이 번역하자면 '심우주 천체' 정도가 되겠지만 보통은 딥스카이라는 영어 단어를 그대로 쓴다. 깊은 하늘이라는 의미 자체도 참 마음에 든다.

딥스카이의 종류를 나누어보면 10만 광년 크기의 우리은하에 소속된 성운과 성단, 그리고 우리은하 밖의 드넓은 우주 공간에 존재하는 외부 은하와 그 은하들의 모임인 은하단으로 크게 나눌 수 있다. 어떻게 보이는지, 무엇을 볼 수 있는지 한 가지씩 살펴보자.

우주망원경으로 찍은 신비로운 사진이 아니라 실제 내 눈으로 보면 어떻게 보일지 좀 더 명확히 전달하기 위해, 필자가 망원경으로 관측 중에 실시간으로 그린 그림들을 많이 첨부했다. 작가명을 별도로 표시하지 않은 그림들은 모두 필자가 검은 종이에 흰색 펜과 파스텔로 만든 천체스케치다.

지구에서 가장 가까이 위치하는 딥스카이 대상은 보통 5천 광년 내로 위치하는 성운^{星雲, Nebula}이다(성운은 전 우주에 엄청 많겠지만, 멀수록 더 어두워지므로 가까운 것들만 잘 보인다). 성운은 이름과 같이 우주 공간의 거대한 가스 구름이다. 우리가 잘 알고 있는 오리

■ 발광성운 (오리온대성운)　　　　　■ 반사성운 (M78)

온대성운의 크기가 12광년, 석호성운은 33광년이나 된다(물론 천문학적 스케일로는 아주 아주 작은 크기이지만…). 성운에는 3가지 종류가 있는데, 이 가스 구름이 주위 별들로 인해 스스로 가열되어 빛을 내는 경우 발광성운 Bright Nebula이라 하고, 빛을 내기는 하지만 스스로 빛나는 것이 아니라 근처의 밝은 별빛이 반사되어 빛나는 아이들은 반사성운 Reflect Nebula으로 분류한다. 개중에는 전혀 빛을 내지 않는 어둡고 짙은 성운이 지구인의 시선 방향에 겹쳐 보이는 더 멀리 있는 별들과 성운을 가려서 존재를 드러내는 암흑성운 Dark Nebula도 있다.

　우리가 관측할 수 있는 대부분의 성운은 발광성운으로, 밝고 화려한 자태를 뽐내는 유명한 아이들이 많다. 위에 언급한 오리온이나 석호 외에도 창조의 기둥을 품은 독수리성운, 활짝 핀 붉은 장미성운, 꽃잎 세조각 삼렬성운 등, 허블 우주망원경

■ 암흑성운 (B92)

■ 행성상성운 (고리성운)

이나 별지기들이 장시간의 노출로 촬영한 총천연색의 사진들은 사람들에게 우주의 신비한 모습을 일깨워주는 강력한 도구가 된다. 그러나 사진과는 달리, 눈으로 보는 성운은 볼품이 너무나 떨어진다. 물론 그 자체로 멋지지만 역동적인 천체사진에 길들여진 눈으로는 흐릿하게 흑백으로 보이는 성운의 이미지에 만족하기 어렵다. 빛을 오랫동안 축적해서 밝게 표현할 수 있는 사진에 비해, 우리의 눈은 빛을 모아놓는 기능이 없기 때문이다.

그래도 사진 같은 화려한 모습까지는 아니지만 안시관측으로도 성운의 밝은 부분은 충분히 감상할 수 있다. 그러기 위해서는 관측 대상에 대한 사전 공부와 성운 전용 필터의 도움, 그리고 어두운 물체의 명암을 감지하는 눈의 훈련이 특히 중요하다. 필자는 밝고 역동적인 발광성운보다 은하수 별밭에서 은은

205

하게 모습을 드러내는 암흑성운을 더 좋아한다.

생성 원리는 전혀 다르지만, 행성상성운도 성운의 한 종류로 분류할 수 있다. 태양과 비슷한 질량의 별은 진화 단계의 마지막에 적색거성이 되어 팽창하다가, 결국 수명이 다하면 표피의 기체가 우주 공간으로 퍼져나간다. 이때 기체들이 방사형 도넛 모양으로 퍼져나가면서 행성처럼 동그랗게 생겼다는 의미로 행성상성운이라 부른다. 수십 광년에 이르는 성운들에 비해 행성상성운은 그 원천이 별 하나인 관계로 그 크기가 매우 작다(작다고 해도 지름이 1~2광년이다!). 하지만 작은 고추가 맵다고, 그 표면 밝기가 상대적으로 밝아서 흐릿한 성운보다 형태가 더 또렷하게 보인다.

지구에서 가까이 위치한 대상들이 주로 보이는 성운과 달리 성단은 가까운 곳부터 멀리까지 우리은하 내의 다양한 위치에서 볼 수 있다. 성단星團, Cluster이라는 이름과 같이 수많은 별들의 모임이라 가스 구름인 성운보다 잘 보이는 것이 당연하다. 성단에는 수백 개~수천 개의 젊은 별들이 성기게 모여 있는 산개성단Open Cluster과 수십만 개~수백만 개의 늙은 별들이 밀집되어 있는 구상성단Globular Cluster 두 가지가 있다.

산개성단은 사시사철 온 하늘에서 지겹도록 많이 만나볼 수 있다. 밝은 별이 많이 포함된 큰 산개성단도 있고, 맨땅과 거의 구분이 되지 않는 어둡고 성긴 성단도 있다. 산개성단의 특별한 관전 포인트는 성단 내의 밝은 별들을 가지고 상상의 그림을 그려보는 것이다. 밤하늘의 서로 관계없는 별들을 이어서 별자리를 만드는 것과 비슷한 방법이다. 산개성단에는 밝은 별이 일렬로 줄지어 있는 모습을 종종 볼 수 있는데, 이를 스타체인Star Chain이라고 한다. 스타체인을 중심으로 나만의 무언가를 연상하다 보면 밋밋해 보이던 산개성단도 괜히 예뻐 보인다.

■ K성단 (M7)

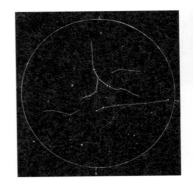

■ 스타체인의 향연 (M34)

구상성단은 산개성단과는 분위기가 많이 다르다. 우선 별 개수가 최소 10만 개 단위로 시작하고, 그 지름도 수십~수백 광년에 이른다. 그러면 산개성단보

25. 망원경으로 주로 어떤 대상을 보나요?

■ 구상성단 M2

■ 구상성단 서열 1위,
오메가 센타우리

다 훨씬 잘 보일 것 같지만 꼭 그렇지만은 않다. 지구에서 가까이 위치한 구상성단은 상당히 크고 밝지만, 지구에서 멀면 멀수록 크기와 밝기도 감소하여 그냥 아련한 솜뭉치로 보이는 경우도 많다. 그리고 개수를 다 세기 어려운 산개성단과 달리 우리은하 안의 구상성단은 약 150개밖에 되지 않는다. 또한 구상성단은 망원경의 구경이 커질수록 (집광력이 높을수록) 성단 내부의 깨알 같은 별들이 더욱 잘 드러난다. 전하늘의 구상성단 중에 가장 밝은 대상인 오메가 센타우리는 맨눈으로도 뿌연 형체를 느낄 수 있고, 망원경으로 보면 시야를 가득 채우는 압도적인 모습에 말문이 막힐 정도이다. 다만 문제는 이걸 보기 위해서는 남반구에 가야 한다는 것….

10만 광년 크기의 우리은하에서 성운과 성단을 적게 잡아도 수천 개씩 만나볼 수 있지만, 우주적인 스케일로 생각해보

면 그저 작은 점 하나
일 뿐이다. 우리은하 밖
으로는 2조 개의 은하
가 존재한다. 어지간해
서는 가늠해볼 수도 없
는 숫자다. 그렇다고 티
끌만도 못한 우리의 존
재를 생각하며 허무주

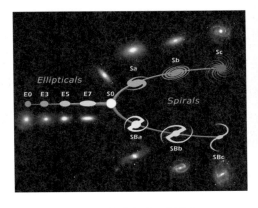

■ **허블의 은하 분류체계** (출처/천문우주지식정보)

의에 빠질 필요는 없다. 수없이 많은 은하 중에 보고 싶은 아이
들을 골라서 즐기면 된다(그중 1만 개 정도는 별지기들의 망원경으로도
찾아볼 수 있다).

은하는 그 형태에 따라 크게 나선은하와 타원은하, 그리
고 어떤 형태에도 속하지 않는 불규칙은하로 나뉜다. 은하 중
에 가장 많은 형태는 나선은하다. 우리가 살고 있는 은하계도
나선은하에 속한다. 보통 나선은하는 은하 중심부에서 양쪽으
로 팔ᴬʳᵐ이 나와서 나선형으로 가늘고 길게 은하를 감싼다. 얼
마나 단단하게 은하를 감싸는지, 중심부에 길쭉한 막대 모양이
존재하는지 등을 기준으로 세부 형태를 분류한다.

타원은하는 말 그대로 타원형이다. 우리가 볼 수 있는 밝은

■ 안드로메다은하 – 측면으로 보이는 나선은하   ■ M101 – 정면으로 보이는 나선은하

타원은하의 개수는 많지만, 관측할 만한 특징은 이 타원이 원형에 가까운지, 아주 길쭉한 타원형인지 정도밖에 없어서 사실 별로 인기가 없다. 타원은하와 정상나선은하, 막대나선은하는 일반적으로 에드윈 허블이 고안한 분류체계를 따라 나눈다. 어떤 은하를 관측하기 전에 'Sa형', 'E5형'과 같은 데이터만 보고도 이 은하가 어떻게 보일 것인지 대략 짐작이 가능하다. 은하들은 까마득히 먼 곳에 있다. 가까워봤자 100만 광년 단위 (100광년 아님), 멀면 쉽게 몇천만, 몇억 광년을 넘어간다. 이런 아이들이 시원하게 잘 보일 것이라고 기대하기는 어렵다. 하지만 은하 관측은 본인의 관측 기술과 노력 여부에 따라 얼마든지 멋지게 관측할 수 있다는 점 때문에 오늘도 수많은 별지기들의 관심을 받는다.

　은하 관측의 가장 큰 매력이라 한다면 그것이 멀리 있다는

■ 타원은하 M87 – 나는 누구? 여긴 어디?　　■ 불규칙은하 M82 – 잘라진 새우깡 모양

것이다. 빛의 속도로 1억 년이 걸리는 거리에서 출발한 빛이 내 눈에 와 닿는다고 생각해보자. 1억 년 전은 인류의 탄생 정도가 아니라 공룡이 지구의 주인으로 활개를 치고 다니던 중생대 시기다. 은하를 보는 것은 우주의 역사책을 한 페이지씩 내 맘대로 뒤적거리는 것과 같다. 영겁의 시간을 여행하여 내 눈앞에 나타난 희미한 작은 빛덩이 하나. 별이 아름다운 것은 멀리 있기 때문이다.

　　여러 장에 걸쳐서 달부터 태양계, 우리은하, 외부 은하까지 별쟁이들이 무엇을 보는지 아주 아주 간략하게만 알아보았다. 이 천체들을 보는 것은, 특히 딥스카이 대상들은 필자의 오랜 즐거움이자 평생을 두고 도전하고 있는 일이지만, 더 깊이 있는 얘기를 하기에는 이 책의 목적과 맞지 않는 것 같다. 우선 이 정도만 감을 잡아두어도 앞으로 별보기를 시작할 때 시행착오를 많이 줄이고 그 즐거움에 더 빨리 다가갈 수 있을 것이다.

천체관측에 대한 흔한 오해 중 하나는 별 보는 사람들이 망원경으로 새로운 별을 찾기 위해 노력할 것이라는 건데, 낭만적이기는 하지만 사실 사람이 눈으로 새로운 별을 찾는 것은 19세기 후반 천체사진의 등장과 함께 더 이상 의미 없는 일이 되었다. 남자친구에게 내 별을 따다 달라고 하면 뭐라도 해주겠지만, 새로 찾아달라고 하지는 말자. 어려운 일이다.

수십 년에 걸쳐서 전 우주를 훑으며 대장정을 하는 별쟁이들 중에는, 돌고 돌아서 다시 달과 행성으로 돌아오는 경우가 있다. 초보 시절에 잠시 보다가 시시하다고 오랫동안 거들떠보지 않던 대상들로 말이다. 아무리 열심히 뜯어보아도 세부 구조를 시원하게 보기 어려운 멀리 있는 천체들에 비해 달과 목성, 토성은 주체할 수 없을 만큼 너무 많은 것을 보여준다. 그 관측의 깊이는 3억 광년 너머의 Abell 은하단보다 더 심오한 측면도 있다. 필자도 그동안 소홀히 하던 달과 행성을 다시 보기 시작한 것이 채 몇 년이 되지 않았다. 20여 년 만에 태양계를 다시 보며 또다시 감탄하고 반성한다. 우주는 넓고 깊다. 그 깊은 즐거움을 파헤치기엔 우리 인생이 너무 짧다.

메시에와 NGC

갑자기 이게 무슨 외계어인가 암호인가 싶겠지만, 별쟁이들이 하룻밤에도 수십 번씩 불러대는 이름이다. 피아노를 처음 배울 때 바이엘을 넘어가면 체르니 100, 체르니 30 하던 것이 생각난 다 (사실 필자는 초등학교 시절에 바이엘도 못 넘기고 그만두었다). 별보기는 바이엘 대신 메시에부터 시작한다.

샤를 메시에(1730~1817)는 18세기에 활동하던 프랑스의 천문학자 다. 메시에는 혜성 관측이 전문 분야였는데, 언제 어디서 나타날 지 모르는 혜성을 찾아 망원경으로 하늘을 샅샅이 뒤지다 보면 혜성으로 오인할 수 있는 뿌연 무언가가 너무 많았다. 혜성을 새 로 발견한 줄 알고 기뻐하고 있는데 알고 보니 꽝이라면 얼마나 짜증이 났을까? 그 당시 메시에는 4인치 굴절과 8인치 반사망원 경을 주로 사용했는데, 가공 기술의 한계로 인하여 광학적 성능 은 현시대의 저가형 망원경 정도밖에 되지 않았기 때문에 대부 분의 천체는 그저 뿌옇게 혜성처럼만 보였다.

이처럼 귀찮은 솜뭉치들의 영업 방해를 방지하기 위해 밤하 늘의 '혜성같이 생겼지만 혜성이 아닌' 천체 110개를 모아놓은 것이 메시에 목록이다. 안드로메다은하는 M31, 플레이아데스성 단은 M45, 올빼미성운은 M97 하는 식으로 M1부터 M110까지 메 시에 본인이 발견한 순서대로 번호가 붙여졌다. 따라서 가까운 순서도, 밝은 순서도, 적경 순서도 아닌 완전히 중구난방의 리스트가 되었지만, 아직까지도 메시에는 천체관측을 시작하는 세상의 모든 초보들이 처음 마주하는 관문이다. 350년 전의 열악한 장비로도 형체를 알아볼 수 있을 만큼 밝고 큰 천체라면 현대의 작은 망원경으로도 충분히 볼 수 있는 아주 적당한 목록이기 때문이다.

별쟁이들은 석호성운, 헤라클레스 구상성단 같은 별칭보다는 8번, 13번 하는 식으로 번호를 부르는 경우가 훨씬 더 많다. 왕초보 시절부터 메시에 대상들을 끊임없이 보아왔기에, 굳이 긴 별명을 부르지 않아도 번호만으로도 충분하다. 누군가가 천체관측에 입문하여 메시에 110개를 스스로 모두 찾아보았다면, 그 사람은 이미 초보를 탈출한 것으로 판단한다. 다양한 종류와 난이도의 천체 110개를 찾아서 볼 정도의 경험과 기술이면 이미 수준급의 별쟁이가 된 것이나 다름없다(필자는 중간에 군입대로 인해 4년이 걸렸지만, 열심히 하면 1년 내로도 완주가 가능하다).

그럼 메시에 다음엔? 수십 가지 목록 중에는 NGC가 가장 접근하기 쉬운 목록이지만, 무려 7840개나 되고 몇 가지 대상을 제외하고는 메시에 대상보다 난이도가 높아서 메시에를 어느 정도 볼 때까지는 잊고 있어도 된다.

다음의 사진은 정성훈님의 메시에 천체 110개 모음집이다. 2014~2015년 2년간에 걸쳐서 같은 망원경(115mm 굴절)으로, 같은 화각으로 모든 대상을 촬영한 집념의 별쟁이다. 메시에 110개 각

각의 관측 방법에 대해서는 중급자를 위한 필자의 다음 책에
자세히 다룰 예정이다.

■ 의지와 노력의 산물, 메시에 카탈로그 (정성훈, 2014~2015)

25. 망원경으로 주로 어떤 대상을 보나요?

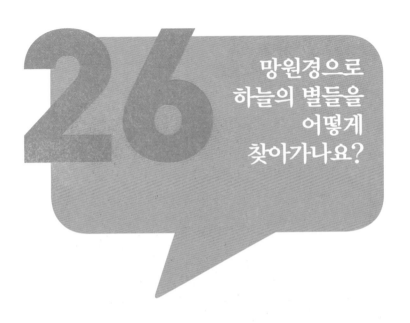

26

망원경으로 하늘의 별들을 어떻게 찾아가나요?

천체관측의 기본은 별자리부터 시작한다. 별자리를 통해 하늘의 밝은 별들이 어디에 위치해 있는지 파악하고 방위에 대한 감각을 익혀놓아야 한다. 계절별 주요 별자리를 최소 몇 개씩 헤아릴 수 있다면 이제 망원경으로도 별을 찾아나설 수 있다.

망원경으로 별들을 찾기 위해서는 '파인더'라는 보조 장비가 필요하다. 보통 망원경은 최소 40배 이상으로 하늘의 좁은 영역을 확대하여 보는 장비이기 때문에, 반대로 넓은 영역을 훑어보며 밤하늘에서 목표물을 찾기에는 불편하다. 따라서 쌍안경 정도의 적당한 시야로 하늘을 훑어서 대략적인 위치를 빠르게 겨눌 수 있는 파인더가 꼭 필요하다. 파인더는 모든 망원경에 탑재되어 있지만, 저가형 망원경에는 등배형 레이저 포인터로 대체되거나 너무 작은 파인더가 달려 있는 경우가 있다.

파인더는 별을 찾기 위해서 달아놓은 보조 장비인데, 가성비만 따진다고 손가락 굵기만 한 가느다란 파인더를 달아놓으면 모양만 그럴싸하고 파인더를 파인더라 부를 수 없는 슬픈 현실과 마주할 수도 있다. 파인더는 최소한 7×50 이상의 사양이 되어야 본연의 성능을 발휘할 수 있다. 레이저를 사용하는 등배 파인더는 대략적인 목표 위치를 빠르게 파악할 수 있어서 나름의 편리함이 있지만(그래도 파인더를 대체할 수는 없다), 5×25 등의 저가형 제품은 무늬만 파인더일 뿐 실전에

■ 파인더 욕심이 많은 필자는 9×63의 대형 파인더를 사용한다(사진의 흰색 광학계).

26. 망원경으로 하늘의 별들을 어떻게 찾아가나요?

서는 사용이 어렵다(달과 행성 정도는 찾을 수 있다). 멀쩡한 파인더만 하나 가지고 있다면 밤하늘의 어떤 대상도 찾아낼 수 있으니 자동도입GOTO 망원경의 유혹에 빠지지 말자. 필자가 보장한다.

우선 맨눈으로도 보이는 1~2등급의 밝은 별이나 천체는 망원경으로 찾는 데 전혀 문제가 없다. 망원경 파인더로 그냥 겨누기만 하면 된다. 망원경이 처음이라면 파인더에 달을 도입하는 것조차 어설프고 헷갈리지만, 쉬운 대상부터 연습하다 보면 위치를 알고 있는 밝은 별을 파인더로 잡아내는 데에 5초 이상 걸리지 않게 된다.

그러나 천체관측이 그렇게 만만하지만은 않다. 대부분의 대상은 육안으로는 전혀 보이지 않고, 파인더로 별들 사이사이를 헤치며 정확한 위치로 이동하고서 망원경으로 존재 여부를 확인해야 한다. '스텔라리움'을 이용해서 몇 가지 예를 들어보자.

북두칠성 근처에는 수많은 은하가 존재하는데, 밤하늘에서 북두칠성 국자를 헤아릴 수 있다면 이를 이정표 삼아 수십 개의 은하를 만날 수 있다. 두 개의 유명한 은하, M101과 M51도 이 국자 손잡이 근처에 위치한다. 우선 국자의 6번째 별, Mizar(노란색 원)를 파인더에 도입하면 7×50 파인더 시야에 ②

■ ① 북두칠성 또는 국자 손잡이

와 같은 모습을 볼 수 있다(배경의 별 수는 광해 수준에 따라 달라진다).
여기서 Mizar를 중앙에 두고 파인더 내에서 사방을 둘러보면
약간 찌그러진 V자 모양이 나온다. 파인더를 V자의 끝으로 이
동하면 ③과 같이 목표 대상인 M101 은하가 가시권에 들어온
다. 약간 휘어진 V자의 변을 따라 그 각도와 길이만큼 한 배 더
이동하면 목적지 도착이다. 다만 파인더 안에서 은하의 흔적이

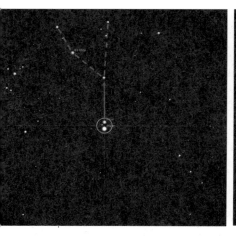 

■ ② Mizar 인근에서 V자를 찾는다.　　　■ ③ V자의 한 변을 쭉 연장하면 M101 도착

보일 가능성은 적다. 위의 선명한 은하 이미지는 이해를 돕기 위한 과장이고, 실제 파인더 상으로는 흔적조차 보이지 않는 경우가 많다. 여기가 맞겠다 싶은 자리를 파인더 십자선 정중앙에 올려놓고 아이피스를 확인하면, 거기엔 예쁘게 은하가 들어와 있을 것이다.

조준이 조금 잘못되어서 아이피스 안에 아무것도 보이지 않는다면 이 과정을 한 번 더 정확하게 해보거나, 목표 지점 근처를 아이피스로 뒤져보면 열에 여덟 번은 내 손으로 천체를 찾는 기쁨을 누릴 수 있다. 그러나 항상 100% 성공이 되기는 어렵다. 가령 정확히 찾았는데도 어두운 대상이라 전혀 보이지 않는 경우도 있고, 완전히 다른 곳을 헤매고 있을 때도 있다. 이렇게 밤하늘의 밝은 별들을 이용해서 한 단계씩 건너뛰며 목표 대상을 찾아가는 과정을 스타호핑^{Star Hopping}이라고 한다. 천체관측의 중요한 기본기 중 하나다.

북두칠성을 이용해서 하나만 더 찾아보자.

이번엔 더 유명한 대상으로, M51 부자은하다. 부자은하는 사냥개자리에 있지만 북두칠성에 더 가까이 있어서 국자 손잡이의 마지막 별, Alkaid(앞의 ① 북두칠성 그림의 빨간색 원)를 이용한다. 먼저 Alkaid 별을 파인더에 넣고 주변 별 배치를 살펴보면 다음 페이지의 그림 ⓐ와 같이 멀지 않은 곳에서 찌그러진 5각형 모양을 찾을 수 있다. 그러면 5각형의 꼭짓점 중 Alkaid와 가까운 별과, Alkaid 별과 가상의 정삼각형을 이룰 꼭짓점 위치를 그려보면 밝은 별(사냥개자리 24번 별, 24 CVn)이 하나 보인다. 여기까지 찾았으면 거의 다 된 거나 다름없다.

그림 ⓑ의 24 CVn에서 오각형 반대 방향으로 Alkaid부터 온 거리만큼 파인더 시야를 더 이동하면 M51 부자은하를 찾을 수 있다. 51번 은하는 101번 은하보다 표면 밝기가 높아서 파인더에 작은 솜뭉치같이 잡힐 수도 있고, 식별이 안 될 수도 있

- ⓐ Alkaid와 5각형과 정삼각형을 이루는 위치

- ⓑ 24번 별에서 같은 거리만큼 오각형 반대 방향으로 꺾으면 M51 부자은하가 보인다.

지만 크게 상관없다. 대략적인 위치를 최대한 정확히 조준하고 망원경 아이피스를 확인해보면 거기엔 빛의 속도로 3100만 년을 날아온 아름다운 보석이 두 개(아빠 은하와 아들 은하)나 들어 있을 것이다.

위에 필자가 주로 쓰는 루트로 스타호핑이 무엇인지 아주 간단히 설명해보았다. 호핑 방법은 항상 동일하다. 목표 대상과 가까이 위치한 밝은 별을 우선 파인더에 도입하고, 그다음부터는 성도를 참조해서 한 스텝씩 차근차근 이동하는 것. 하지만 위의 예시도 필자의 취향일 뿐, 정답이 있는 것은 아니다. 에베레스트산을 등정하는 데에도 여러 가지 루트가 있고 새로운 루트를 개발하는 등반가도 있는 것처럼, 대상마다 자신만의 효율적인 호핑 길을 고안해보는 것도 재미있는 일이다. 밤하늘 아래에서 실전을 치르기 전에 전자성도나 종이성도를 이용해서 어떤 길로 가야 할지 집에서 먼저 시뮬레이션을 해보면 현장에서의 관측 효율을 많이 높일 수 있다.

천체를 효율적으로 찾는 방법이 스타호핑이라면, 찾은 대상을 잘 보는 가장 중요한 기술은 '주변시'라는 테크닉이다. 희미한 빛의 명암을 구분하는 데 능력을 발휘하는 우리 눈의 막대세포를 최대한으로 활용하는 기술인데, 실제 관측을 하기 전에 이론만 접해서는 이해하기 어려운 얘기라 이 책에서는 다루지 않는다. 망원경 사용법에 대한 필자의 다른 책인 〈별보기의 즐거움〉에 원리와 연습 방법을 자세히 설명해놓았으니, 주변시는 망원경을 장만하고 난 뒤에 생각해도 늦지 않다.

초등학교 선생님이자 그 어렵다는 안시&사진 짬짜면을 하시는 박동현 님이 제작한 메시에 110개 각각의 호핑 방법에 관한 자료를 필자의 웹사이트에 올려놓았다. 아직 호핑을 경험해본 적이 없다면, 이 자료를 훑어보며 나라면 어떻게 찾아갈 것인지 생각해보자.

■ www.nightwid.com 접속 → 상단 메뉴에서 STAR HOPPING 클릭

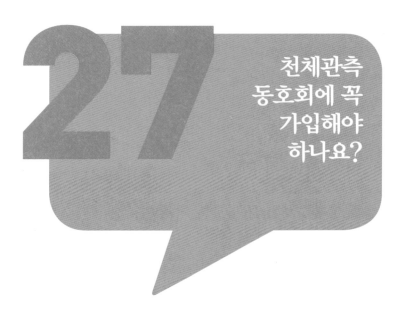

27

천체관측
동호회에 꼭
가입해야
하나요?

필자는 꼭 그래야 한다고 생각한다. 별보기는 책으로, 동영상으로 배울 수가 없다. 필자가 아무리 책을 잘 쓴다 해도, 천체관측이 무엇인지 감을 잡을 수 있도록 방향을 제시하는 역할을 할 뿐이다.

모든 취미생활이 그러하듯 천체관측도 실제 해보기 전에는 그 재미가 무엇인지 알기 어렵고, 본인의 취향에 맞는지는 더더욱 알 수 없는 일이다. 그렇다고 타인의 도움 없이 혼자서 좌충우돌하며 배우기에는 알아야 할 것들이 너무 많고, 자칫하다 간 엉뚱한 길로 빠질 가능성이 높다.

별은 같이 보아야 더 아름답다. 하물며 별 보는 사람들과 함께한다면 더할 나위가 없다. 칠흑 같은 밤하늘을 어떻게 즐겨야 하는지 아는 별쟁이들과 함께라면, 냉기가 감도는 고요한 관측지가 뜨거운 열기와 조용한 흥분에 휩싸이는 것을 느낄 수 있다.

천체관측 동호회에서는 많은 일이 일어난다. 일상적인 신입 회원의 질문과 답변(주로 망원경 추천에 관한 얘기), 관측 공지와 후기, 자신이 만든 천체사진과 천체스케치 공유, 관측 장비 거래, 각종 강좌와 잡담 등을 하나씩 보고 있으면 별나라가 어떻게 돌아가는지, 사람들이 어떤 장비를 쓰는지, 언제 즈음이 별 보기 좋은 날인지 자연스럽게 정보를 얻을 수 있다.

그리고 아무리 온라인에서 열심히 활동한다 해도 그건 모두 오프라인에서 실제 별을 보기 위한 준비운동일 뿐이다. 공개된 관측지에서의 관측회 공지가 올라오면 그냥 무작정 가보는 것을 강추한다. 날씨 예보를 보는 법을 잘 모른다 해도, 별쟁이들이 가겠다고 하는 날은 분명히 맑을 확률이 높은 날임에 틀림없다.

파일럿에게 누적 비행시간이 중요하듯, 별지기에겐 밤하늘

아래에서 이슬을 얼마나 자주, 오래 맞아보았는지가 중요하다. 자기 장비 없이 남들 하는 것을 구경하며 그저 빈둥거리다 온다고 하더라도 그것 자체로 나름의 의미가 있다. 관측을 다녀온 후, 같은 날 같은 곳 또는 다른 곳으로 별을 보러 다녀온 사람들의 관측 후기와 사진들을 살펴보면, 다음번엔 내가 무얼해야 할지 좀 더 끌리는 것이 생기게 된다.

게시판에 질문을 할 때는 당연히 검색부터 먼저. 그래도 답을 찾기 어렵다면, 정성껏 질문을 올리면 여러 회원들의 금과옥조와 같은 자상한 조언을 기대해볼 수 있다(한 줄짜리 질문은 한 줄짜리 답이 돌아온다). 글이나 댓글도 남기고 선배님들(?) 따라서 관측도 같이 다니며 열심히 동호회 생활을 하다 보면 지식도, 아는 사람도 점점 늘어나고 어느새 나도 모르게 진짜 별지기가되어 있을 것이다.

천체관측 동호회 추천

■ 네이버 카페 '별하늘지기' 명실상부한 대한민국 최대의 천체관측 동호회다. 4만 명에 달하는 회원 수가 그리 중요한 것은 아니지만, 하루에 50개 이상의 새 글이 올라오는 것은 중요한 일이다. 그 글들을 통해 별동네에서 일어나는 별 볼 일

있는 일들을 한눈에 파악할 수 있고, 2004년부터 현재까지 20만 개가 넘게 누적된 게시글들은 우리나라 별쟁이들의 정보와 자료의 보고로서의 역할을 하고 있다.

'별하늘지기'에 본적(?)을 두고 있는 사람들도 많지만, 다른 동호회에 적을 두고서도 '별하늘지기'에 놀러와서 다른 지역의 별지기들과 어울리고 주요 정보를 공유하는, 광장이나 사랑방과 같은 역할도 한다. 필자도 소속은 '야간비행'이지만, '야간비행' 회원들조차 거의 모두 '별하늘지기' 회원이기도 하다.

■ **지역별 동호회 / 온라인 동호회** 전국 대도시를 중심으로 오랜 역사를 가진 지역 기반의 동호회(서울천문동호회, 부산천문동호회, 대구의 첨성대 등)가 존재한다. 대부분은 오프라인 모임과 관측회가 중심이라, 온라인 홈페이지 상으로는 뜸한 것처럼 보여도 실제로는 꾸준히 운영되는 경우가 많다.

온라인 기반의 동호회는 훨씬 더 다양하다. 네이버 카페 등 포털 사이트에서 '천체관측'으로 검색하면 수많은 동호회를 찾을 수 있는데, 얼마나 활발하게 활동하는 커뮤니티인지 판단하는 기준은 회원 수보다는 새로운 글이 얼마나 자주 올라오는지, 실제 관측 활동에 대한 게시글이 얼마나 많은지로 대략 짐작할 수 있다(우주망원경으로 찍은 화려한 천체사진만 올라오거나, 관계 없는 광고 글이 정리되지 않을 정도로 관리가 되지 않는 모임에서는 실전 관측을 배우기 어렵다).

필자가 소속되어 있는 '야간비행'은 수도권에 거주하는 안시 관측 경력 10년 이상의 골수 안시파들의 오프라인 모임이다. 20여 년에 걸쳐 축적된 다양하고 깊이 있는 관측자료를 비회원도 누구나 제한 없이 홈페이지(www.nightflight.or.kr)에서 검색할 수 있다. 다만 초보의 관점에서는 이해하기 어려운 너무 난해한 얘기들이 될 수도 있으니 좌절 금지!

■ 한국아마추어천문학회 이름이 길어서 한아천이나 그냥 학회라고 부르기도 한다. 다른 동호회와 달리 별도로 소개하는 이유는 이 학회의 목적이 조금 특별하기 때문이다. 어떤 동호회에서 활동하더라도 그 목적은 오로지 본인이 별을 잘 보기 위한 것인데, 한국아마추어천문학회의 목적은 다른 사람들이 별을 잘 볼 수 있도록 도와주고 전파하는 것이다. 따라서 천체관측을 체계적으로 배워보고 싶은 입문자에게 좋은 길잡이가 될 수 있다.

실제로 전국 15개 시도에 지부를 두고 지부마다 '천문지도사'라는 교육과정(민간자격증)을 매년 운영하고 있다. 안시관측과 천체사진, 천문학 등 이론과 실습을 병행한 종합적인 과정을 이수하고 검정을 통과하면 천문지도사 자격증이 주어지고, 그후엔 학회에서 주관하는 각종 행사나 봉사활동에 참여해서 경험을 쌓게 된다. 3급-2급-1급으로 이어지는 천문지도사 과정은 자격증을 받는 게 중요하다기보다는 여러 분야를 균형감 있게 다루어보고, 별을 나누는 기쁨을 알게 된다는 큰 장점이 있다.

■ 한국아마추어천문학회 웹사이트 : www.kaas.or.kr

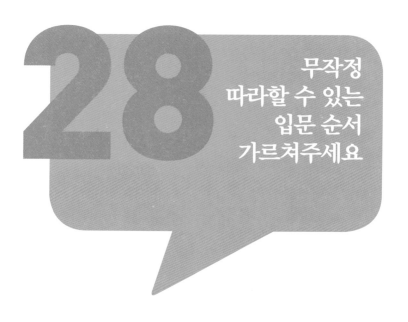

무작정
따라할 수 있는
입문 순서
가르쳐주세요

천체관측을 시작하는 다양한 입문자 중에 종종 잘못된 길로 빠지는 분들을 볼 수가 있다. 필요 이상으로 장비 구입에만 집착한다든지(실력이 부족하면 장비만 좋아봤자 쓸데가 없다), 기본기가 부족한 채로 의욕만 앞서서 어려운 과제(사진 & 안시 병행 등)에 도전하다가 빨리 지치고 마는 것이 흔한 예다. 자금이 넉넉하다면, 망원경을 한 번도 만져본 적 없는 사람이라도 이름 높은 최고급 망원경을 장만하는 것은 어려운 일이 아니다. 하지만 이른바 '월드 베스트' 장비는 쉽게 살 수 있어도 관측 기술은 어디서도 살 수 없다. 또한 명품 망원경이나 가성비 좋은 장비를 구성하는 데에만 신경이 쏠리게 되면 정작 별을 보는 본질에서 멀어지게 되고, 돈 쓰는 재미(장비병이라 한다)에만 맛을 들여서 망원경 그 자체가 천체관측인 것으로 오해하기 쉬워진다. 별은 망원경이 보여주는 것이 아니라 사람이 망원경을 이용해서 보는 것이다. 이 말을 꼭 기억해야 한다.

오류에 빠지지 않기 위해서는 입문 초기에 기본기를 잘 쌓아나가고, 이미 이 과정을 거친 선배 별지기들과 많은 교류를 해야 한다. 기초를 잘 다진 이후에는 안시든 사진이든 무엇을 하더라도 많이 헤매지 않고 원하는 것을 이룰 수 있다. 공부에는 왕도가 없다지만, 필자는 천체관측에 입문하는 길에는 빠르고 넓은 고속도로가 있다고 생각한다. 마음이 조급하더라도 차근차근 필자가 추천하는 순서를 밟아나가면 어느새 진정한 별지기가 되어 있는 자신을 발견할 수 있으리라 장담한다.

1. 기초지식 습득

우선 가장 먼저 해야 할 일은 천체관측이란 무엇인지 감을 잡는 것이다. 책을 읽거나, 유튜브 동영상을 보거나, 인터넷에

231

서 정보를 검색하는 등 방법은 많다. 이 책을 여기까지 보고 계신 독자라면 기초지식은 이미 충분할 것이다. 천체관측에 대한 글이나 영상을 찾아보는 것을 추천하는 이유는 별보기가 무엇인지 대략적이라도 이해하고 나면 앞으로 무엇을 해야 할지, 어떤 일이 일어날지 계획을 세우고 마음의 준비를 할 수 있고, 막연한 환상이나 두려움 또한 없앨 수 있기 때문이다.

2. 별자리 공부

차 운전을 하려면 우선 주요 도로와 행정구역의 위치 정도는 먼저 알아야 한다. 망원경을 운용하려면, 또는 그냥 맨눈으로 하늘의 별들을 헤아린다고 해도 최소한 계절별 주요 별자리 정도는 능숙하게 찾을 수 있어야 다음 단계가 가능하다(별자리 얘기는 질문 7번 참조). 별자리 책 또는 스마트폰 앱과 함께 계절별로 주요 별자리를 최소 5개 이상 찾아보자. 개중에는 한숨이 나올 정도로 멋이 없거나 희미한 아이도 있겠지만, 여러분이 앞으로 별나라에서 무엇을 하든 든든한 기본기가 될 것이다.

3. 동호회 가입

장비부터 지르고 싶겠지만 때가 될 때까지 기다려야 한다.

본인에게 맞지 않는 장비를 구입하는 순간 모든 불행이 시작되고, 결국 별나라에서 단명하는 경우를 수도 없이 많이 보아왔다. 그보다 훨씬 중요한 일은 별 보는 사람들이 실제로 무얼 어떻게 하는지 분위기를 느껴보는 일이다. 처음에는 이해가 잘 안 되는 용어나 상황이 많더라도 동호회 게시글들을 꾸준히 읽어보고, 누가 별 보러 간다고 하면 시간과 여건이 허락하는 한 최대한 자주 따라나가서 견문을 넓혀야 한다. 관측지에서 별쟁이들이 무엇을 하는지, 어떤 장비를 주로 쓰는지 살펴보면 본인이 무엇을 해야 재미가 있을지 감이 온다.

4. 망원경 구입

가입한 동호회의 관측회에 3회 이상 참여했다면, 이제 때가 되었다. 가격도 물론 중요한 요소지만, 그보다 먼저 어떤 종류의 망원경이 나에게 맞을지 고민해보는 것이 우선이다. 별을 보러 얼마나 멀리까지 갈 수 있는지, 안시관측을 할 것인지 천체사진을 할 것인지, 딥스카이를 볼 것인지 행성을 주로 볼 것인지 차분히 시간을 두고 생각해보자. 관측회에서 사람들의 장비를 유심히 보고 여러 사람에게 자문을 구해보는 것도 좋다.

망원경 구입에 대한 얘기는 질문 17~21번까지 많은 지면을 할애해서 설명했다. 신중히 결정해서 망원경을 장만했다면, 그보다 더 중요한 일이 기다리고 있다. 욕심이 나더라도 더 이상의 장비 생각은 접어두고, 내 손에 들어온 망원경을 잘 활용할 수 있도록 노력해야 한다. 필요 이상의 장비병을 제어하면서 별 보는 즐거움의 본질을 탐구하는 것이 천체관측의 핵심이다.

5. 메시에 완주

망원경으로 천체관측에 입문하는 사람은 필연적으로 그 시작을 메시에와 함께 하게 된다. 메시에를 넘은 뒤로는 수많은 다양한 길이 열려 있지만, 그러기 위해서는 메시에 천체에 익숙해지는 게 우선이다. 특히 안시관측을 한다면 메시에 110개를 모두 찾아보는 것이 꼭 필요하다. 42번같이 환상적인 분도 계시고 73번같이 황당한 애도 있지만, 다양한 위치와 형태를 가진 110개의 성운/성단/은하를 관측하며 경험을 쌓다 보면 어느새 내 실력도, 별을 즐기는 방법도 몰라보게 발전하게 된다.

본인이 관측하거나 촬영한 천체에 대해서는 항상 동호회 게시판에 관측 기록을 남기는 것도 좋은 습관이다. 남들과 정보를 공유한다는 의미도 있지만, 더 중요한 것은 본인의 관측 활동을 돌아보며 스스로 한 단계 더 성장하게 된다는 점이다.

6. 원하는 만큼, 바라는 대로

메시에 110개를 모두 관측했다면, 여러분은 더 이상 초보가 아니다. 본인의 장비를 어떻게 구성할지, 앞으로 무얼 해야 할지 스스로의 경험과 지식으로 결정할 수 있고, 그동안 다른 별지기들에게 받았던 도움을 동호회 신입 회원들에게 되갚아줄 수도 있다. 필자가 추천하는 방법은 본인이 관심 있는 한 가지 주제를 정해서 뜻이 맞는 사람들과 함께 깊이 있게 파헤쳐보는 것이다. 딥스카이 안시관측이 적성에 맞는다면 '야간비행'과 같은 전문 동호회에서 활동할 수도 있고, 천체스케치나 영상관측 EAA에 관심이 있다면 '별하늘지기' 카페 내에서 소모임 활동을 할 수도 있다. 천체관측 시장의 주류인 천체사진(별풍경, 딥스카이 등)은 선택의 폭이 더욱 다양하다.

별쟁이들과의 교류 없이 혼자서만 별을 볼 경우 엉뚱한 방향으로 흘러가서 주화입마(?)에 빠지는 경우도 있고, 새로운 트렌드나 기술에도 뒤떨어지게 될 가능성이 크다. 무엇보다 별은 같이 보아야 더 아름답다. 평생의 별친구들과 함께 중원의 고수가 되어보자.

더 멀리서 별 보기

29

남십자성을 보려면 어디로 가야 하나요?

　지구는 동서 방향으로 하루에 한 바퀴씩 자전한다. 그 덕분에 지구인들은 앉은 자리에서 한 곳만 바라보고 있어도 하루 동안에 하늘의 모든 별들을 만나볼 수 있다. 물론 하루의 절반은 너무 밝은 태양 빛으로 인해 별빛이 가리게 되지만, 밤이 되면 하늘이 스스로 돌며(실제로는 지구가 도는 거지만) 온 하늘의 별들을 차례대로 보여준다. 하지만 자전 방향이 동서 방향이기 때문에 북반구 중위도에 살고 있는 우리들은 아쉽게도 남반구의

별들은 볼 수가 없다. 한국에서
는 적위 −40도보다 높이 위치
한 별들만 관측이 가능하고, 그
아래에 위치한 아이들을 보려면
적도 이남의 남쪽 나라로 가야
한다(지구상의 위치는 경도와 위도로
표시하지만 하늘의 별들은 적경과 적위로
나타낸다. 개념은 동일하다).

■ 하늘의 나머지 반쪽을 보려면 남쪽 나라로…

밤하늘의 88개 별자리 중
에 한국에서는 대략 55개 정도
를 볼 수가 있다. 너무 남쪽(적위
−40도 아래)에 걸쳐 있어서 일부만
보이는 아이도 있고, 아예 보이

■ 뉴질랜드 국기. 별자리가 정확하다.

지 않는 별자리도 30개쯤 된다. 필자가 가장 좋아하는 별자리
인 에리다누스강자리도 한국에서는 강의 상류 절반만 보인다.

남반구 여러 나라의 국기에 들어 있는 남십자자리Crux는 적
위 −60도에 위치하여 한국에서는 지구에 종말이 오기 전에는
절대로 볼 수 없다. 북위 20도 인근의 동남아시아 지역이라면
봄철에 남쪽 지평선에서 간신히 볼 수 있고, 필자가 살고 있는

29. 남십자성을 보려면 어디로 가야 하나요?

남위 37도의 뉴질랜드 오클랜드에서는 사시사철 지평선 아래로 지지 않는 주극성으로 볼 수 있다. 이 별이 남반구 여러 나라 국기에 들어가게 된 이유이다.

무엇보다 가장 부러운 것은 은하수다. 은하수의 중심이 궁수자리가 위치한 적위 −30도에 걸쳐 있어서 한국에서는 아주 어두운 관측지가 아니라면 지평선 바로 위쪽으로 뿌연 광해 속에서 은하수의 중심을 흐릿하게만 볼 수 있지만, 남반구에서는 까마득히 머리 위로 장대한 빛의 다리가 펼쳐진다(은하수 얘기는 질문 9번 참조).

남반구의 밤하늘에는 북반구 관측자들이 망원경으로 볼 수 없는 아주 큰 '남의 떡' 몇 개가 있는데, 그중의 첫 번째는 마젤란은하들이다. 1519년 페르디난드 마젤란이 세계 최초의 세계일주를 위해 함대를 이끌고 스페인을 출발해서 남반구에 도달하니 하늘에 움직이지 않는 커다란 구름 두 개가 보였다. 이것은 대마젤란은하와 소마젤란은하라 불리우는 우리은하와 이웃한 왜소은하들로, 지구에서 겨우(!) 16만~20만 광년 떨어져 있을 뿐이다. 예전에는 영어로 'Large Magellanic Cloud(줄여서 LMC)', 한국어로도 '대마젤란운'과 같이 구름이라고 불렸는데, 실제로 남반구에서 이 두 은하를 본다면 도저히 지나칠 수 없

■ **마젤란으로 가는 계단** (이종구, 2021)

는 그 거대한 빛의 구름 두 덩어리의 자태에 별쟁이라면 누구
라도 압도당하게 된다.

　뉴질랜드에서 골프 티칭프로 겸 사진작가로 활동하시는 이
종구 님의 사진을 통해 육안으로 보이는 모습을 짐작해보자.
맨눈으로도 엄청나지만, 망원경으로 보면 실로 믿기지 않을 정
도이다. 우리은하 내부의 몇백~몇천 광년 떨어진 성운·성단도

아니고 16만 광년 저편 외부은하 내부의 성운과 성단, 각종 별무리를 최소 수백 개 이상 찾아볼 수 있다. 필자도 벌써 몇 년째 LMC 안에서 헤매느라 다른 별들을 예뻐해주지 못하고 있다.

남반구의 밤하늘에는 마젤란 외에도 북반구 별쟁이들의 동경의 대상이 여러 개 있는데, 우리은하 내에 위치한 150개의 구상성단 중 가장 밝고 큰 서열 1, 2위가 모두 남천南天, 남반구 하늘에 있다. 대도시인 오클랜드의 우리 집 뒷마당에서도 육안으로 보이는 거대한 오메가 센타우리NGC 5139, 그리고 그에 못지않은 위용을 자랑하는 Tucana 47NGC 104이 그들이다. 너무 복잡해서 제대로 관측하기 위해선 많은 준비를 해야 하는 LMC에 비해 오메가 센타우리는 망원경으로 보는 순간 그 엄청난 모습에 나도 모르게 오메갓! 하고 괴성을 내지르게 된다.

성운 중에는 북반구의 슈퍼스타 오리온성운보다도 더 크고 밝고 화려한 카리나성운Carina Nebula이 있다. 복잡한 발광성운과 암흑성운 조각들로 이루어진 성운의 중앙에 있는 용골자리Carina 에타별은 전 하늘에서 유일하게 분출하는 모습을 확실하게 볼 수 있는 별이다. 망원경 고배율로 이 별을 확대해서 보면 그냥 밝은 별이 아니라 오렌지색 물질들이 별 내부로부터 뿜어져 나오는 놀라운 광경을 볼 수 있다.

밤하늘에서 가장 밝은 은하, 구상성단, 성운이 모두 남천에 있는데, 가장 밝은 산개성단$^{NGC\ 3532}$마저 남천에 살고 있다. 크기 자체가 여느 산개성단들과 비교가 되지 않을 정도로 거대한 데다 개개의 별들 또한 너무나 찬란하고 촘촘히 박혀 있어서, 동전을 던지고 소원을 비는 우물(또는 연못)이란 뜻의 'Wishing Well'이란 별칭을 가지고 있다. 연못 안에서 햇빛을 받아 반짝

■ 별쟁이를 노려보는 노란 눈 (Tuc 47)

■ Great Eruption Star (Eta Carina)

■ 소원을 말해봐 (NGC3532)

■ 대마젤란은하의 극히 일부분

이는 눈부신 동전들 바로 그 모습이다. 이쯤이면 왜 이런 아이들이 모두 남반구에 몰려 있는 것인지 하늘의 차별을 받는 것 같아 억울하기까지 하다.

앞 페이지의 그림은 필자가 남반구에서 망원경으로 직접 보면서 그린 천체스케치들이다. 필자의 경우 적도에 위치한 몰디브 신혼여행지에서 에리다누스, 용골자리 등의 남쪽 별들을 처음 만나보았고, 그 이후 그 별들을 더 잘 보고 싶어서 세 번에 걸쳐서 호주 원정을 떠났다. 호주에 별을 보러 간다고 하면 시드니에서 오페라하우스도 구경하고 이국의 아름다운 해변도 즐기다가 밤에 천문대나 투어 프로그램을 이용할 것 같지만 실상은 많이 다르다. 시드니 공항에서 렌터카를 빌려서 일주일치 식료품만 준비하고 바로 호주 내륙의 오지로 이동한다. 망원경은 일행끼리 짐을 나누어서 항공 수하물로 한국에서부터 공수한다. 남반구의 별을 볼 수 있는 일생일대의 기회는 북반구의 별쟁이에게 무엇과도 바꿀 수 없을 만큼 꿈 같은 일인데, 낮에 관광지를 돌며 인증샷 찍고 맛집 찾아다니는 것으로 시간과 체력을 소비하면 금방 피곤해져서 밤새도록 별을 볼 수가 없다.

필자의 호주 원정 패턴은 낮에는 충분히 푹 자고 느지막이 일어나서 숙소에서 밥을 해 먹고, 같이 간 팀원들과 전날 밤 관측한 대상의 리뷰와 오늘 밤 볼 대상에 대한 예습을 하고, 다시 해가 뉘엿뉘엿 사라질 때까지 최대한 더 자고 일어나서 이른 저녁을 먹고 망원경을 세팅한다. 밤에는 시간 계획에 맞추어 밤새도록 숨 가쁘게 관측하다가 날이 밝으면 잠자리에 든다. 관광이야 나중에 가족들과 놀러와서 하면 되고, 별 보러 멀리까지 가서는 그 목적에만 충실해야 원하는 것을 이룰 수 있다는 것을 여러 번 해외 원정에서의 성공과 실패를 통해 스스로 깨닫게 되었다(별 보러 가서 딴짓을 하면 천벌을 받는다. 정말이다).

필자는 남반구에서 감질나게 보던 황홀한 밤하늘이 잊히지 않아서, 하늘의 나머지 절반을 오랫동안 잘 관측해보고자 멀쩡히 잘 다니던 회사를 때려치우고 가족과 함께 남반구로 이민을 오게 되었다. 아는 사람 한 명 없는 멀고 먼 타지에서 처음부터 다시 시작한다는 것이 결코 쉬운 일은 아니었지만, 남반구의 아름답고 새로운 밤하늘은 모든 근심을 잊게 만든다. 22년간 익숙하게 보아오던 북반구의 별들을 뒤로하고 남반구에서 다시 초보로 새 출발을 한 지도 몇 년이 지났다. 여기서도 22년쯤 열심히 별을 보다 보면 계획한 인생의 목표에 가까워질 수 있지 않을까 기대해본다.

별들의 색깔이
다른 것 같아요

별은 무슨 색일까? 대부분의 별은 흰색이다. 하지만 별들도 자세히 보면 색깔이 다른 별들이 있음을 알 수 있다. 밝은 빛이 직격으로 비치지 않는 곳에서 맑은 날에 밤하늘의 밝은 별들을 찾아보자. 거의 모든 밝은 별들은 영롱한 흰색으로 보인다. 아주 순수하게 맑은 흰색이거나, 아니면 하얗다 못해 푸른빛이 감도는 별들도 찾을 수 있다.

그런데 개중에는 그 색이 조금 노르스름한 기운을 띠거나, 노랗다 못해 오렌지색에 가까운 별들도 볼 수 있다. 별의 색은 왜 다른 것일까? 별의 색은 그 별의 온도와 관련이 있다. 육안으로 보이는 오렌지색 계열의 별들은 대부분 적색거성Red Giant이다. 별이 일생의 황혼기에 접어들면 별의 크기가 점점 팽창하고 표면 온도가 낮아진다. 주계열성이 나이가 들어 맞이하는 이 단계를 적색거성이라고 한다.

이 적색거성들의 표면온도는 3~4천 도 정도로 아주 차갑(?)지만(보통의 육안 관측 가능한 주계열성 별들은 1만 도 정도가 된다), 그 지름이 한창 때(순백색이나 청백색의 주계열성 시절)에 비해 100배 이상 커지고, 비록 보이는 색깔은 표면온도가 낮아지면서 흰색에서 불그스름한 색으로 변했어도 밝기도 크게 증가해서 지구에 사는 우리들도 그 생의 마지막 단계를 볼 수 있는 것이다. 한국에서 쉽게 볼 수 있는 적색거성 계열의 별들은 전갈자리의 안타레스, 황소자리의 알데바란, 오리온자리의 베텔게우스 등이 있다.

아, 위에서 언급하지 않은 붉은 별이 하나 더 있는데, 이름조차 '붉은 별'인 화성이다. 화성은 우리 별 태양의 행성으로 스스로 빛을 내는 것이 아니므로 적색거성은 당연히 아니고, 단지 화성의 토양과 대기에 붉은빛의 산화철이 많이 분포하기 때문이다. 이 산화철 성분이 태양빛을 반사하여 붉은 행성을 만든다.

오리온자리가 보이는 겨울밤, 오리온의 왼쪽 어깨를 이루는 적색초거성인 베텔게우스Betelgeuse를 찾아보자(영어권 국가에서는 비틀쥬스라고 발음한다). 희다 못해 푸르스름해보이는 다른 밝은 별들과 달리 조금 괴이하기까지 한 오렌지색으로 빛나는 이 별은 500년 이내로 별의 진화의 종착역, 초신성 폭발에 이를 것으로 전망되고 있다. 그래서… 언젠가 온 밤을 환히 밝혀줄 것으로 기대되는 베텔게우스를 세계의 모든 별쟁이들이 한마음 한뜻으로 빨리 돌아가시기를 기원하고 있다(육안으로 관측 가능했던 마지막 초신성이 1572년, 1604년이었으니 벌써 400년이나 전이다). 모두가 빨리 죽기를 바라는 별이라니… 조금은 기구한 운명이 아닐까?

30

개기일식은 언제 볼 수 있나요?

지구상에서 볼 수 있는 가장 극적인 순간은 무엇일까? 화산 폭발이나 해일 같은 위험한 자연재해를 제외한다면, 필자의 기준으로는 개기일식보다 강렬한 감동은 없으리라 생각한다. 푸른 하늘과 대지가 몇 초 만에 어둠에 잠기는 극적인 순간과, 하얀 광채를 내뿜는 검은 태양은 지구의 언어로는 표현할 방법이 없는 기적이다.

개기일식은 오른쪽 그림과 같이 달이 태양을 가리는 그림

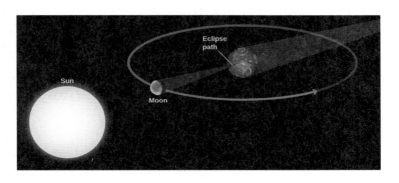

■ **일식 개념도** (출처/https://courses.lumenlearning.com)

자 안에 지표면 일부가 들어가는 현상이다. 지구 지름의 1/4밖에 되지 않는 달이 그 큰 태양을 어떻게 가릴 수 있을까 이해가 잘 안 되겠지만, 지구에서 보는 태양과 달의 시직경은 거의 같다. 보름달이 높이 떴을 때의 크기를 손가락으로 재보고, 구름이 끼었을 때의 태양의 크기와 비교해본다면 놀랍도록 비슷함을 알 수 있다. 태양은 달의 지름보다 400배나 크지만, 공교롭게도 지구에서 태양까지의 거리는 지구에서 달까지의 거리보다 400배 더 멀기 때문에 지구에서 보기엔 같은 크기로 보이는 것이다.

일식 촬영으로는 입신의 경지에 오른 정병준 님의 개기일식 진행 과정 사진을 살펴보자. 일식이 진행되면 태양이 점점

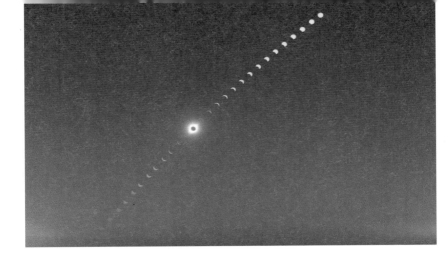

■ 2019년 칠레 개기일식 진행 과정 (오준호, 정병준)

달에 가려지면서 동그란 태양이 한쪽 귀퉁이부터 뻥튀기를 베어먹은 것처럼 조금씩 사라지게 된다. 부분일식 시작부터 1시간쯤 지나면 이제 달은 초승달을 넘어 거의 실처럼 가늘어지고, 드디어 개기일식이 시작된다.

필자는 같은 날 안데스산맥의 이름도 없는 산에 올라 검은 태양을 감상하며 오른쪽 페이지와 같이 그림을 남겼다.

개기일식이 일어나기 몇 초 전까지도 하늘은 좌상단 그림과 같이 아직 푸른색이지만, 개기일식과 함께 하늘은 급격히 어두워지고, 태양은 순식간에 우상단 그림처럼 검게 변한다. 개

Chapter 4 더 멀리서 별 보기

■ **개기일식을 즐기는 방법** (조강욱, 태블릿 & 터치펜, 2019년 칠레)

기일식의 순간이다. 그리고 연기처럼 뿌옇게, 평소에는 절대로 볼 수 없는 태양의 대기층인 코로나가 나타난다(지구를 휩쓸었던 코로나바이러스와는 당연히 아무런 관련이 없다).

시선을 넓혀서 하늘을 보면 좀 전과는 완전히 다른 하늘색이 보인다. 2019년의 일식 때는 위 세 번째 그림처럼 일출 직전 같은 하늘색이 보였고, 달의 크기에 따라 전등 스위치를 끈 것처럼 완전히 어두워지는 경우도 있다. 약 1~3분가량의 개기일식이 순식간에 지나가면 개기일식의 하이라이트, 다이아몬드링이 나타난다. 다이아 반지는 개기일식 직전 1.5초, 그리고 개기일식이 끝난 직후 1.5초가량만 볼 수 있는 찰나의 현상이다. 달이 태양을 완전히 가리기 직전 마지막 한 줄기 빛과, 태양이 달에서 벗어나는 순간의 첫 번째 빛줄기가 찬란하게 빛나는 모습이 마치 다이아몬드가 빛나는 것처럼 눈부시게 아름다워서 이런 멋진 이름을 가지게 되었다. 2019년의 두 번째 다이아는 특이하게도 2개로 나뉘어져서 보였는데, 태양의 실낱 같은 첫 번째 빛줄기가 달의 산과 같은 높은 지형에 가려져서 만들어진 빛의 조화다.

개기일식을 보려면 달이 태양과 지구 사이에서 지구에 그림자를 드리워야 하므로 달의 공전 주기에 맞추어 한 달에 한 번씩 볼 수 있을 것 같지만, 실제로 태양과 지구와 달의 움직임은 2차원 평면이 아닌 3차원 공간을 돌고 있는 관계로 세 천체가 정확히 일직선상에 위치하는 현상은 대략 1.5년에 한 번씩만 지구상의 어딘가에서 볼 수 있다.

가끔 잘못된 뉴스 기사를 통해 개기일식이 몇백 년 만에 일어나는 것으로 오해하는 경우도 있지만 전혀 사실과 다르다. 다만 지구도 자전을 하고 그림자가 떨어지는 위치도 달라지기 때문에, 개기일식이 발생하는 지역도 항상 바뀐다. 한반도의 경우 가장 최근의 개기일식은 1852년이었고, 다음번 개기일식은

2035년이다. 2035년의 일식은 북한 지역에서 보이는 관계로, 그 전에 먼저 통일이 되기를 많은 별지기들이 기원하고 있다.

개기일식이 언제 일어나는지, 어디서 볼 수 있는지는 몇천 년 뒤까지 정확하게 알 수 있다. 아래 지도에는 2021년부터

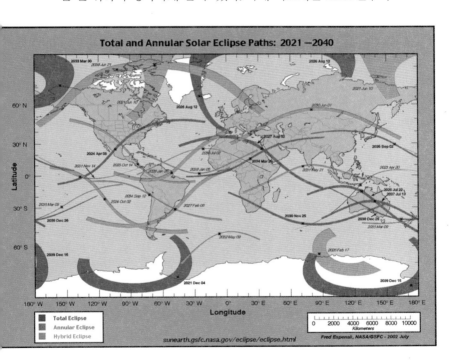

■ 20년간의 일식 지도 (NASA에서 이런 서비스까지…)

2040년까지 모든 개기일식(파란색)과 금환일식(빨간색)의 날짜와 경로가 표시되어 있다.

금환일식은 달의 크기가 태양의 시직경보다 작을 경우 발생하는데, 달은 지구를 타원 궤도로 공전하고 있기 때문에 달이 지구에서 좀 더 가까이 있을 때 일식이 발생하면 태양을 모두 가려서 개기일식이 되고, 달이 지구에서 멀 때는 달의 시직경이 조금 작아져서 달 전체가 태양 안으로 쏙 들어가는 금환일식이 된다. 금환일식은 이름처럼 태양의 가장자리 부분만 금색으로 빛나서 금반지와 같은 모습으로 빛나지만, 아직 태양이 밝아서 하늘이 어두워지거나 개기일식처럼 다이아 반지가 나타나지는 않는다.

앞의 일식 지도를 보면, 일식대의 폭은 100~200km 정도로 아주 좁지만 그 길이는 대륙을 가로지를 만큼 넓은 것을 알 수 있다. 이 좁고 긴 일식대의 어디로 가야 개기일식의 순간을 맞이할 수 있을까? 세상에는 다양한 종류의 사람들이 있는데, 개기일식을 보겠다고 위 일식 지도를 보며 전 세계를 떠도는 사람들을 'Eclipse Chaser'라고 한다. 예상하셨겠지만 필자도 이중의 한 명이다. 이들은 부분일식에도, 금환일식에도 큰 관심이 없다. 오로지 개기일식의 검은 태양과 다이아몬드링을 한

번이라도 더 보기 위해서 정성을 들인다. 최적의 장소를 찾기 위해 15년치 기상 데이터를 분석하는 것은 기본이고, 2~3년 전부터 숙소를 예약하고 관측을 준비한다.

■ **2012년 도쿄의 금환일식** (조강욱, 검은 종이에 파스텔)

필자는 지금까지 총 6번의 일식을 경험했다. 2009년 중국 항저우 서호를 시작으로 2012년 일본 도쿄 스미다 강변과 호주 케언즈, 2015년 북극 스발바르의 설산, 2017년 미국 오리건주의 대평원, 2019년 칠레의 안데스산맥까지. 앞으로도 신체적으로 경제적으로 문제가 없다면 평생토록 앞의 지도의 파란색 부분을 모두 찾아다니며 세계일주를 겸한 일식 여행을 하려고 한다. 대낮이 어둠으로 바뀌는 결정적 순간을 찾아서.

31

오로라가 보고 싶어요

언론에서는 천체관측 관련 기사를 낼 때 '몇백 년 만의 우주 쇼' 또는 '올해 가장 신비로운 현상'과 같은 자극적인 문구를 주로 사용한다. 주로 다루는 내용은 슈퍼문, 유성우, 행성 근접, 소행성이나 혜성 등으로, 안타깝게도 언론사의 전문성 부족으로 인하여 실제로는 보기가 매우 어렵거나 별 보는 동호인의 관점에서 그렇게 대수롭지 않은 현상들이 대부분이다.

그와 반대로, 별쟁이들이 손꼽는 3대 천문현상이 있다. 사자자리 대유성우와 개기일식, 오로라가 그것이다. 이중에 가장 보기 어려운 것은 사자자리 대유성우다. 사자자리 유성우는 매년 11월에 찾아오지만, 질문 8번에서 설명한 것처럼 유성우의 모혜성인 템펠-터틀 혜성이 33년 주기로 지구 옆을 지나가는 관계로 비처럼 쏟아지는 유성우를 맞으려면 33년을 기다려야 한다. 2001년이 마지막이었으니 다음 주기는 2034년이다. 정확히 언제가 될지 모를 '그날 밤'에 별이 잘 보이는 곳에 있어야 하고 구름이 없는 맑은 날이 되어야 하니, 살아생전에 대유성우 관측에 성공하려면 하늘이 점지해야 하는지도 모른다.

그다음 난이도는 개기일식이다. 이것도 장소 선정이 아주 중요하지만 대략 1.5년마다 한 번씩 기회가 오고, 정확한 시간과 장소를 알 수 있다는 것이 성공률을 높일 수 있는 큰 장점이다(필자는 6번 시도에 5번 성공했다).

3대 천문현상 중에 가장 보기 쉬운 것은 오로라다. 오로라가 보일 만한 곳에 밤에 가서 오로라가 보일 때까지 그냥 기다리고 있으면 된다. 오늘 밤에 못 봤으면 내일 또 기다리면 된다. 다만 오로라 출몰 지역이 사람이 살기 어려운 추운 동네라는 것이 문제지만….

오로라는 진북이 아닌 지자기북극을 중심으로 오로라 오벌Aurora Oval이라고 하는 위도 62~75도 사이 지역에서 가장 강하게 나타난다. 북위 33~38도 사이에 살고 있는 우리가 생각하기에 위도 70도라고 하면 얼마나 추운 곳인지 감이 잘 오지 않는데, 북위 66.5도 위로는 공식적인 북극권이다. 캐나다 북부, 알래스카, 시베리아 북극해 연안, 스칸디나비아반도의 북쪽 끝, 아이슬란드와 그린란드 남부가 이에 해당한다. 남쪽 오로라 오벌에는 심지어 남극과 남극해만이 존재할 뿐이다.

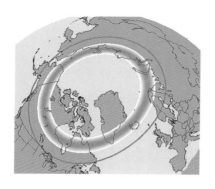

■ 북반구 오로라 출몰 지역. 지도만 보고 있어도 추워짐.

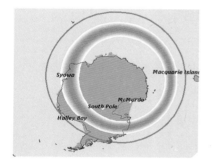

■ 남반구 오로라 출몰 지역. 여긴 추운 정도가 아니다.

오로라는 태양 활동에 의해 발생한다. 태양풍이라 불리는 태양의 플라즈마 입자들의 흐름이 지구에 도달할 때 지구의 자기장과 반응하여 자극 부근인 북극과 남극 상공에서 빛을 내는 현상으로, 이 태양풍^{Solar Wind}의 세기는 항상 달라지기 때문에 지구에서 보이는 오로라의 세기도 그에 따라 달라진다. 이 세기에 따라 0부터 9까지 'Kp Index'라는 기준으로 표현한다. 필자는 Kp 0~8까지 모두 경험해보았는데, 단계별로 육안으로 보이는 오로라의 경험적인 느낌은 다음과 같다.

- Kp 0 아무 일도 일어나지 않음

- Kp 1~2 눈으로는 거의 보이지 않으나 하늘에 뿌옇게 회색의 얼룩(녹색 아님)이 있음을 느낄 수 있다. 사진으로 찍으면 옆의 사진과 같이 밤하늘에

- 필자의 오로라 증명사진 (스웨덴 키루나)

녹색 기운이 선명하게 보인다.

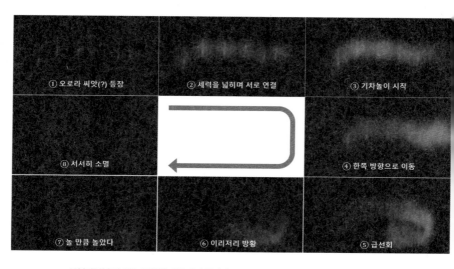

① 오로라 씨앗(?) 등장 　　② 세력을 넓히며 서로 연결 　　③ 기차놀이 시작

⑧ 서서히 소멸 　　④ 한쪽 방향으로 이동

⑦ 놀 만큼 놀았다 　　⑥ 이리저리 방황 　　⑤ 급선회

■ 구분 동작으로 보는 평범한 오로라의 생성과 소멸

■ Kp 3~5 눈으로도 녹색 기운이 슬며시 나타났다가 한쪽 방
향으로 움직이다 다시 스르륵 사라진다. 이 움직임은 생각보
다 꽤 빨라서, 어디서 나타날지 모르는 오로라를 기다리며
사방을 두루 살펴보아야 한다. 어떤 것은 커튼처럼 펄럭이며
몇 분 동안 그 자리에 있는 경우도 있지만, 기차가 지나가듯
이 하늘을 넘실대며 10여 초 만에 나타났다 사라지는 아이
도 있다.

말로 설명하기는 쉽지 않아서, 오로라를 본 다음날 그 주요
패턴을 위와 같이 구분 동작으로 그려보았다.

- Kp 6~7 오로라 스톰 Storm이라 부르는 단계다. 움직임이 점점 더 강렬하게 빨라지고, 형태가 선명해지고, 녹색 외의 붉은 기운과 보라색, 핑크색 등 다양한 색이 순식간에 나타났다 사라진다.

■ 다양한 색이 나타나기 시작하는 스톰의 초기 증세. 오른쪽이 필자 (김동훈, 2015)

- Kp 8~9 서브스톰 Substorm이라고도 한다. 동시다발적으로 하늘 여기저기서 엄청난 빛의 폭풍이 휘몰아쳐서 도저히 정신을 차릴 수가 없다. 오로라가 평소보다 훨씬 밝고

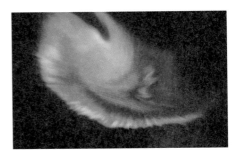

■ 머리 위에서 쏟아져내리는 오로라. 천사가 강림하는 줄… (김동훈, 2015)

거대해서, 위도 40도의 중위도 지역에서도 오로라의 기운을

느낄 수가 있다. 단, 1년에 딱 며칠밖에 기회가 없다.

필자는 2015년에 개기일식 & 오로라 두 마리 토끼를 잡기 위해 북극권 원정을 떠나서, 스웨덴 최북단 마을인 Kiruna에서 며칠간 오로라를 경험해보았다. 운이 좋게도 그 마지막 날은 2015년의 가장 오로라가 강한 날이어서, Kp 0부터 8까지의 오로라를 며칠 사이에 모두 볼 수 있었다.

오로라를 보는 방법은 아주 간단하다. 우선 북극의 밤도 끄떡없을 만큼의 방한 장비를 갖추고, 오로라 예보와 일기예보를 참조하면서 인내심을 가지고 기다려야 한다. Kp 지수는 3일 전부터 예보를 통해 짐작할 수 있는데, 태양의 활동은 관측을 통해 그 움직임을 바로 알 수 있지만 물리적으로 태양풍이 지구에 도달하기까지는 대략 2~3일 정도가 걸리기 때문이다. 북위 62도 인근 지역에서 Kp 3~4 정도의 오로라를 만난다면 기차놀이나 펄럭이는 녹색 커튼 정도를 기대해볼 수 있을 것이고, Kp 6 이상이 된다면 만사 제쳐두고 일생일대의 하룻밤을 기다려야 한다. 앱스토어에서 'Aurora Forecast' 정도만 검색해봐도 10여 개의 앱을 만나볼 수 있다.

필자는 북유럽에서 운 좋게 오로라를 관측했지만, 오로라를 보고자 하는 사람들에게 북유럽은 자신 있게 추천하기 어려운 지역이다. 흐린 날씨가 많기 때문이다. 날씨가 흐리면 별도, 은하수도, 오로라도 당연히 볼 수 없다. 북반구 오로라 관측지역 중에서는 아이슬란드도 맑은 날씨가 많지 않고, 그린란드와 시베리아는 접근이 너무 어렵고, 캐나다 북부와 알래스카가 가장 좋은 선택이다. 항공편으로 찾아가기도 쉽고, 영어로 의사소통도 수월하고, 무엇보다 맑은 날이 많다. 또한 캐나다의 옐로나이프Yellowknife와 같은 지역은 스스로 '오로라의 수도'라고 홍보할 정도로 오로라 관광에 대한 인프라가 잘 갖추어져 있어서 아무 준비 없이 몸만 가도 방한복도, 관측지도, 이동수단도 모두 관광 상품으로 해결할 수 있다(물론 관광 인프라의 수준만 다를 뿐 북미 북부지역 어디서나 잘 볼 수 있다).

남반구는 관측 여건이 더 좋지 않다. 오로라 오벌은 민간인이 도달하기 거의 불가능한 남극과 남극해뿐이고, 거기서 가장 가까운 육지인 뉴질랜드와 남미대륙 남해안도 목표 지점보다 위도가 10~20도 정도나 북쪽에 위치하기 때문에 오로라가 거의 보이지 않는다. 필자가 살고 있는 뉴질랜드에서도 실제로 오로라 관측은 육안으로는 많이 어렵고 주로 남섬 남부 지역에

■ **같은 날 다른 폭풍** (이용해, 2015)

서 사진으로만 이루어지는데, 오로라 중심부와 거리가 먼 관계
로 오로라의 본체를 이루는 녹색보다는 오로라 상단의 붉은색
부분만 지평선 위로 살짝 올라오는 경우가 대부분이다.

그러나 아주 가끔씩 눈으로도 이 붉은 기운을 느껴볼 수가
있는데, 필자가 스웨덴에서 오로라 서브스톰을 경험하던 같은
날 뉴질랜드에 관측 원정을 오신 이용해 님은 뉴질랜드 남섬에
서 거대한 남반구 오로라와 마주했다. 이런 대박 날은 하루 이

틀 전에는 알 수 있지만 여행을 준비할 몇 달 전에는 절대 알 수가 없다. 오로라 관측은 정성에 운까지 더해져야 하지만, 그걸 극복하고 확률을 높이려면 관측지에 머무는 기간을 최대한 늘리고, 낮에 많이 자두고 밤에 오랫동안 깨어 있어야 한다. 기회는 항상 예고 없이 찾아오는 법이다.

아, 한 가지 명심해야 하는 것은 꼭 10월부터 3월 사이의 그믐 주간으로 일정을 잡아야 한다는 것이다. 북극권은 백야 현상이 일어나는 지역이라, 아무리 오로라 예보가 좋고 하늘이 맑아도 해가 지지 않으면 푸른 하늘 외에는 아무것도 볼 수가 없다.

32

해외여행 가는 김에 별구경도 하고 싶어요

일식을 빙자한 세계여행, 북극권의 오로라 관측, 호주 오지로의 남천 원정… 부럽고 멋져 보이지만, 현실 세계를 사는 사람들에게 천체관측만을 목적으로 해외로 훌쩍 떠난다는 것은 그저 꿈에서나 가능한 일일지도 모른다. 필자도 앞에서 열거한 수많은 해외 원정을 응원하고 지원해준 마님이 없었다면 그저 헛된 공상에 불과했을 것이다(가끔은 가족들과 원정을 같이 가기도 했지만 일반적인 안락한 여행은 아니었다).

오로지 별만을 위한 여행이 아니더라도 해외여행 기회는 종종 찾아온다. 가족들과의 자유여행, 지인들과 단체로 패키지 여행, 회사 업무차 해외 출장, 그리고 일생일대의 특별한 순간 인 신혼여행까지. 필자는 신혼여행으로 갔던 몰디브의 외딴 섬 에서 처음으로 남반구 별자리를 보았고, 필리핀 세부에 가족여 행 갈 때도 망원경을 들고 갔다. 하지만 가장 먼저 생각해야 할 점은, 아무리 별이 보고 싶어도 여행의 목적을 해치지 않고 여 행의 동반자들에게 불편함을 주지 않아야 한다는 것이다.

어떻게 하면 일석이조의 여행을 만들 수 있을지 생각해보자.

우선 월령이다. 세계 어디를 가든지 하늘에 달이 밝으면 별 을 볼 수가 없다. 만약 날짜를 보름 정도씩 조율할 수 있다면 그 믐날 전후를 맞추어 가는 것이 꼭 필요하다. 또한 관광지 현지 에서는 사소한 물건 하나도 어디서 파는지 모르거나 마땅한 것 을 찾기 어려울 수도 있다. 작은 랜턴과 따뜻한 겉옷 한 벌, 가 방 안에 쏙 들어갈 50mm 쌍안경 하나쯤은 꼭 챙겨가야 한다. 남쪽 별자리를 보고 싶다면 별자리 책이나 스마트폰 앱을 미리 준비하고, 별사진을 찍을 계획이면 삼각대와 카메라, 릴리즈 등 을 챙겨야 한다. 최신 휴대폰은 저조도 사진 촬영 기능이 획기

32. 해외여행 가는 김에 별구경도 하고 싶어요

적으로 발전해서 카메라를 대신해서 별과 은하수를 찍어볼 수도 있는데, 이때도 삼각대는 필수다. 필자는 야외에 반쯤 누워서 안락하게 별을 볼 수 있도록 낮은 캠핑 의자를 항상 챙겨 다닌다. 아! 그리고 현지 맥주 한 병도 꼭 필요하다.

준비물을 갖추었으면 무엇을 할 것인지 미리 명확하게 정해보는 것이 좋다. 아무 계획 없이 생전 처음 보는 밤하늘을 만난다면 무얼 해야 할지 몰라서 그냥 멍하니 서서 구경만 하다 돌아올 수도 있다. 물론 그것도 나쁘지 않지만 말이다.

목적지가 북위 20도 이남이라면 남쪽 하늘부터 살펴보아야 한다. 우리나라에서는 지평선 근처에서 보일락 말락 애를 태우던 희미한 별들이 여기서는 하늘 높이 떠오른다. 한국에서는 절대로 볼 수 없는 남십자성이나 마젤란은하 같은 남쪽에 치우친 별들도 볼 수 있고, 무엇보다 머리 위로 올라오는 은하수를 시원하게 감상할 수 있다. 그리고 계절별로 보이는 별들이 다르므로, 본인이 가는 지역과 계절의 밤하늘을 '스카이사파리'나 '스텔라리움'으로 미리 예습을 해두는 게 큰 도움이 된다. 겨울방학에 여행을 떠난다면 은하수는 당연히 보이지 않겠지만, 센타우루스나 에리다누스와 같은 새로운 별자리를 찾아볼 수 있다.

휴가를 내고 가족들과 자유여행을 가는 경우 비행 시간이 길지 않은 푸켓, 발리, 세부와 같은 동남아나 하와이, 괌 등의 북태평양의 섬들이 주요 목적지가 된다. 대부분은 따뜻한 열대지방인 관계로 밤에도 날씨가 춥지 않고, 별자리가 조금 헷갈릴 정도로 남쪽의 별들이 높이 올라온다. 별자리 책이나 앱을 참조하며 새로운 별들과 별자리를 하나씩 찾아가다 보면 마치 신대륙을 탐험하는 것 같은 색다른 기분을 느낄 수 있다.

한 가지 주의할 점은 이런 관광지나 리조트의 경우 숙소 자체의 불빛이 상당히 강하기 때문에 광해를 피하기가 쉽지 않다. 관광지를 벗어나 현지인들이 거주하는 지역에서는 훨씬 어두운 하늘을 볼 수 있겠지만, 치안이 불확실할 경우엔 잘 모르는 곳에서 밤에 헤매고 다니는 것은 매우 위험하다. 큰 욕심 내지 말고 남천의 유명한 아이들을 몇 가지만 헤아려보아도 충분한 가치가 있다.

여행사를 통해서 짜여진 일정에 맞추어 움직이는 단체 패키지여행은 더 멀고 다양한 지역에 가기가 용이하다. 유럽의 대도시로 가는 여행일 경우 광해와 높은 위도 때문에 별보기의 입장에서 별다른 특별한 것이 없겠지만, 몽골이나 티벳 같은 광활한 오지에서는 쏟아지는 별빛을 쉽게 감상할 수 있다. 또한 중남미, 호주&뉴질랜드 등 남반구에 열흘 이상 체류하는 상품의 경우 남천의 이국적인 별빛을 감상할 절호의 기회가 된다. 그리고 유럽 투어 중에도 런던 그리니치 천문대, 알프스산맥의 스핑크스 천문대 등 일정 중에 유명한 천문대 방문이 포함되는 상품도 있다.

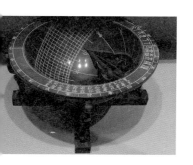

■ 호주에 King Sejong 깜짝 출연

해외 출장의 경우 시간을 내서 여행을 하는 것은 불가능하겠지만, 한국보다 위도가 낮은 지역일 경우 숙소 근처에서 밝은 별자리 정도는 확인할 수 있고, 잠시 여유가 된다면 역사 깊은 그 도시의 천문대를 방문하는 것도 좋은 방법이다. 예를 들면 미국 LA의 높은 언덕에 위치한 그리피스 천문대는 탁 트인 전망만큼이나 멋진 천체투영관 쇼로 유명하고, 호주 시드니 도심의 시드니천문대에는 1769년 금성 일면통과 관측 원정으로부터 비롯된 영국의 호주 대륙 탐험에 대한 흥미로운 이야기와 무려 세종대왕 시절의 한국 해시계 모형이 전시되어 있다.

일생일대의 특별한 여행인 신혼여행은 다른 종류의 여행보다 더욱 멀리, 더 고급스럽고 안전하게 외딴 곳으로 갈 수 있다. 몰디브나 타히티, 세이셸 같은 태평양과 인도양의 섬들은 문명 세계에서 멀리 떨어진 거리만큼 어두운 하늘을 가지고 있다. 파도 소리가 들리는 해변의 빌라라면 더더욱 금상첨화. 깨알 같은 새하얀 별들은 잔잔한 파도 소리와 너무나 잘 어울린다. 사랑하는 사람과 남쪽 나라의 따뜻한 해변에서 쏟아지는 별

■ 신혼여행에 망원경을 메고 가는 상남자… 필자다.

들을 감상하며 잊지 못할 추억을 만들어보자.

해외 여행지에서 해볼 만한 별보기 총정리

- **열대지방의 관광지**(동남아, 태평양 섬나라) 우리나라에서는 보이지 않는 남쪽의 별자리를 맛볼 수 있다. 다만 관광지의 불빛으로 인해, 관광객이 접근 가능한 지역에서는 별이 많이 보이지 않을 수 있으니 너무 큰 기대는 금물.

- **하와이** 빅아일랜드에서 렌터카를 빌려서 마우나케아산 4200m 정상에 올라보자. 이곳은 전 세계에서 가장 맑은 날이 많은 지역 중의 하나로, 세계 최대의 망원경들이 군락을 이루고 있다. 엄청난 석양빛과 거대한 망원경의 조화는 보기 전에는 상상할 수도 없다(다만 일몰 30분 뒤에는 하산해야 한다).

- **유명한 오지**(히말라야 트래킹, 티벳 고원, 몽골 초원, 미국 그랜드 캐니언 등) 아주 높거나 끝없이 넓은 오지는 한 가지 공통점이 있다. 별이 기가 막히게 멋지게 보인다는 것. 이런 유명한 오지는 혼자 배낭 하나 둘러메고 여행하기는 쉽지 않지만, 패키지여행이나 현지 가이드 투어로 안전하고 편안하게 다녀올 수 있다.

■ **남반구의 오지**(남미 안데스산맥, 호주 아웃백, 아프리카) 북반구의 유명한 오지 관광지에 비해 접근성과 인지도는 떨어지지만, 대신 남천의 별들을 원없이 볼 수 있다. 남미 오지 관광상품으로 유명한 마추픽추-우유니-아타카마 3종 세트는 가이드가 운전하는 차를 타고 편안히(?) 다니는 것만으로도 체력적으로 힘든 곳이지만, 낮이고 밤이고 엄청난 풍경과 마주할 수 있다.

아무것도 없는 거대하고 건조하고 황량한 땅인 호주의 아웃백도 해안 도시에서 워낙 멀어서 접근이 쉽지는 않은데, 호주 대륙 한가운데의 유명한 바위산인 울루루(에어즈록)에는

■ 우유니 소금사막의 강렬한 비너스 벨트 (조강욱)

천체관측 투어를 포함한 여러가지 패키지 상품을 찾을 수 있다. 아프리카로의 여행은 더더욱 흔치 않지만 나일강 크루즈, 사파리 투어, 킬리만자로 산행 등, 세계적으로 유명한 관광지는 치안도, 숙박도 인프라가 잘 갖추어져 있다.

위에서 열거한 곳을 제외한 필자의 버킷리스트

- 남아공 케이프타운의 테이블산이 보이는 해변에서 테이블산자리 보기 (남반구의 별자리는 여기서 14개나 만들어졌다)

- 아일랜드 구경병의 시조이신 로스경의 19세기 최대구경 [1.83m] 망원경 알현

- 이라크 인류 최초의 별자리가 만들어진 티그리스강과 유프라테스강이 만나는 지역에서 물고기자리와 황도 12궁 찾아보기 (그러나 현재 이라크는 2007년 이후 여행 금지 국가임)

- 예멘 페르시아 천문학자 알 수피가 964년에 인류 최초로 마젤란은하에 대한 관측 기록을 남겼던 예멘 남쪽 해안에서 마젤란은하 찾기 (예멘도 아직 여행 금지 국가다)

- 프랑스 파리의 샤를 메시에 묘소 참배(?)

- 북회귀선에서 기념사진 찍기

- 사막 한가운데서 별보기 나미비아, 사하라, 고비사막 등

■ 남회귀선에서 인증샷을 남기는 필자 (칠레 아타카마)

■ 남극대륙 개기일식 중에 오로라 보기 (이건 약간 엽기)
■ 지구상에서 가장 별이 잘 보이는 곳 찾기 현재까지는 볼리비
아 남부의 4000m 고원지대가 필자에겐 최고였다.

마지막에 소개한 필자의 버킷리스트는 별쟁이가 아니고선
도저히 이해할 수 없는 기행이라 추천할 수는 없지만, 그 외의
관광지는 여행 동반인들에게 민폐가 되지 않는 선에서 기분 좋
은 밤을 즐기며 해외에서 별 보는 추억을 만들어볼 수 있을 것
이다.

마지막으로, 여행사를 통한 여행에 대해 많은 조언을 해주
신 별쟁이이자 여행 전문가인 원종묵 님께 감사의 마음을 전
한다.

33

별지기는 대체 왜 별을 보나요?

하늘의 별을 감상하는 것은 쉬운 일이 아니다. 남들이 모두 집에서 편히 쉴 한밤중에 야외에서 해야 하는 일이라는 것이 모든 어려움의 시작이다. 더 많은 별을 보기 위해서는 광해를 피해서 아무도 찾지 않는 칠흑 같은 어둠을 일부러 찾아다녀야 하고, 산속의 추위와 미지의 두려움을 이겨내야 한다. 안락한 숙소가 있는 곳은 애당초 특급 관측지가 되기 어려운 관계로 별을 보다 잠시 편히 쉬기 어렵다는 것도, 관측지에 화장

실이 없다는 것도 누군가에겐 큰 장벽이다.

조금 더 좋은 장비를 구하기 위하여 두 배의 금액을 지출해야 하는 경우도 있고, 달 없는 주말에 날씨가 맑기만을 기다리며 일기예보를 끼고 살아야 한다. 가족들이 다같이 즐기는 취미가 아니라면 고가의 장비를 구입하는 것도, 황금 같은 주말에 혼자 멀리 떠나는 것도 집안 식구들의 눈치를 볼 수밖에 없다. 이렇게 어렵게 별하늘 아래에서 기회를 잡았다고 해도 예상하지 못했던 구름이나 안개가 하늘을 뒤덮거나 뜻밖의 광해를 만나는 경우도 허다하다.

별지기들이 이 모든 어려움을 감내하며 기를 쓰고 별을 보는 이유는 무엇일까?

천체관측의 가장 큰 매력은, 이미 이 책을 통해 여러 번 언급한 바와 같이 그 아이들이 멀리 있기 때문이다. 몇천km 정도가 아니다. 지구의 위성인 달조차 40만km밖에 있고, 지구에서 가장 가까운 별이라고 해봐야 4.2광년, 우리에게 익숙한 단위로 바꿔보아도 40조km가 되어 지구인이 가늠할 수준을 쉽게 넘어선다. 별 보는 사람들이 즐겨 보는 은하들은 아예 기본이 100만, 1000만 광년부터 시작한다.

인류가 아무리 노력해도 닿을 수 없는 곳에 있는 무언가를 본다는 것, 그 엄청난 거리만큼 오랜 세월을 빛의 속도로 여행한 한 줌의 빛을 마주하는 순간엔 무엇과도 비교할 수 없는 특별한 감정을 느끼게 된다. 영겁의 시간을 지나 내 눈에 와닿는 천체의 모습은 행성도, 성단도, 은하도 모두 지구상의 어떤 자연물과도 구별되는 독특한 저마다의 아름다움을 가지고 있다. 그 각각의 다름을 음미하는 것이 바로 천체관측의 본질이다. 지구인이 모두 같은 기쁨을 느끼면 좋겠지만, 이것은 취향의 문제라 호불호가 갈린다. 이 보잘것없는 작고 흐릿한 빛덩이를 처음 보고도 아름답다고 느끼는 사람은 결국 알 수 없는 힘에 이끌려 별지기의 길로 들어서게 된다.

사람이 별을 보는 또 하나의 특별함은 끝이 없다는 것. 게임을 해도 끝판이 있고 운동을 해도 승리와 패배가 있지만, 별보기에는 넘어야 할 끝판왕도 없고 승부 또한 의미가 없다. 우주의 천체가 무한할 정도로 많기 때문이다. 현실적으로 천문학자가 아닌 별지기가 평생을 두고 열심히 별을 찾는다고 해도 몇천 개 이상의 의미 있는 관측을 하기엔 인간의 수명이 너무 짧다. 필자는 현재까지 28년간 대략 1300개 정도의 천체를 눈에 담아보았다. 별지기들의 망원경으로는 적게 잡아도 1만 개 정도는 찾아볼 수 있겠지만 그걸 다 볼 수도 없고, 하나를 보더라도 얼마나 의미 있게 잘 볼 수 있는가가 훨씬 더 중요하다.

또 다른 매력은 같은 대상을 보더라도 본인의 노력에 따라 얼마든지 더 잘 볼 수 있다는 성취감이다. 장비는 그저 거들 뿐이다. 실력과 경험이 쌓이게 되면 점점 더 멀리 있는 것, 더 희미한 것에 도전하고 싶어지는 것도 자연스러운 현상이다. 3억 광년 거리의 은하단, 10억 광년 저편의 퀘이사가 잘 보이지 않는 것은 당연하다. 그 희미한 걸 내 눈에 한번 담아보겠다고 며칠 밤을 헤매다가 드디어 볼품없는 미약한 광자가 나의 망막에 와닿을 때, 별쟁이는 세상을 다 가진 것 같은 카타르시스를 느낀다. 여기에는 또 하나의 반전이 기다리고 있다. 쉽게 찾을 수 있는 밝고 큰 대상이 제대로 잘 보기는 더욱 어려운 법이다. 그만큼 보이는 구조가 더 많기 때문이다(필자는 달을 '제대로' 보는 것은 반쯤은 포기한 상태다). 천체관측에 '정복'이라는 단어는 어울리지 않는다. 우리는 그저 아득히 멀리서 우리에게 허락된 만큼을 감사한 마음으로 즐기고, 그 에너지를 가지고 다음 여정을 끝없이 이어나가게 된다.

별들은 혼자 보아도 아름답지만, 이 여정은 누군가와 같은 하늘을 함께 보며 공유할 때 더욱 즐거워진다. 필자가 동호회 활동을 꼭 해보라고 추천하는 이유다. 별지기들과의 교류를 통해 어떻게 해야 별을 보는 즐거움을 더 키울 수 있을지 본인만의 길을 찾을 수 있고, 그후엔 본인의 경험과 노하우를 다른 사람들과 공유하면서 별을 나누는 기쁨 또한 깨닫게 된다.

별은 항상 그 자리에 있다. 언제나 같은 하늘, 정해진 자리에서 별을 사랑하는 사람들이 자신을 보아주기를 기다리며 그 자리에서 빛나고 있다. 100년에 가까운 인생을 살며 땅만 보고 살아가기보단 종종 하늘을 보며 무한한 우주의 신비를 알아가는 것, 그것이 바로 천체관측이다.

내가 별을 보는 이유

마지막 질문에서 사람들이 왜 별을 보는지에 대해 한참을 고민하며 글을 쓰다 보니, 내가 별을 보는 이유는 무엇일까 하는 생각이 들었다.

고등학교 2학년 때 처음 별을 보기 시작한 것은 대학입시의 현실 앞에서 천문학자라는 오랜 꿈을 포기하고서 허전한 마음을 달래기 위해서였던 것 같다. 대학생이 되고서는 얼떨결에 구입한 망원경을 가지고 식음을 전폐하고 강의실 대신 산속을 떠돌며 내공을 쌓았고, 취직해서 돈을 벌기 시작한 이후로는 더 큰 망원경과 자동차를 장만해서 본격적으로 나만의 관측을 하게 되었다.

그렇게 더 멀리, 더 깊은 곳을 향해 10년 넘게 앞만 보고 돌진하다가 어느 순간 방향을 바꾸어서, 잘 보이는 대상을 더 잘 보기 위해 메시에부터 처음부터 다시 시작했다. 사진과는 다른, 눈으로 보는 대상의 아름다움을 더 사실적으로 표현하고 싶어서 그림을 그리게 되었고, 나의 혼이 실린 천체스케치로 안시관측의 미학을 전파하고, 국경을 넘어 지구별의 별지기들과 소통하고 있다.

22년간 북반구에서 별을 보고 나서는, 남천의 하늘도 20년쯤 보고 싶어서 한국에서의 안정된 삶을 스스로 정리하고 남반구의 뉴질랜드에서 살게 된 지도 벌써 6년이 흘렀다.

앞장에서 천체관측에는 승부도 끝판도 의미가 없다고 했지만, 나에겐 이루고 싶은 꿈이 있다. 21세기 지구 최고의 별쟁이가 되는 것이다(초등학생 장래희망 같아 보이지만 40대 아저씨의 실제 목표다). 별 보는 사람들도, 업계의 초고수들도 대부분 북반구에(주로 미국에) 살고 있다. 기본적으로 시력이 남다른 사람도 있고 엄청난 크기의 망원경을 운용하는 사람도, 현관문만 열면 바로 암흑천지인 곳에서 수십 년씩 별을 보고 있는 사람도 있다.

그러나 입신의 경지에 오른 북반구의 고수들도 절대로 할 수 없는 것이 있으니, 바로 남천의 별들을 관측하는 것이다. 이들도 갈망하는 남쪽의 하늘을 보기 위해 일주일씩, 한 달씩 호

주로, 칠레로, 나미비아로 원정을 가지만, 별을 보기 위해 삶의 터전 자체를 적도 이남으로 옮겼다는 얘기는 아직 접하지 못했다. 내가 북반구의 하늘 아래에서 보낸 시간만큼 남반구의 하늘을 열심히 본다면, 북천과 남천을 통틀어 전 하늘을 마음껏 즐겨본 인류 최초의 별쟁이로 남게 될 수도 있지 않을까?

이건 열정이라기보단 그저 맹목적인 집착일지도 모른다. 하지만 그게 무슨 상관일까. 내가 인생을 온전히 투자해서 진정으로 이루고 싶은 일이 있고, 그걸 실행하고자 하는 열망이 끊임없이 생겨난다는 것에 나 자신에게 감사할 뿐이다. 가끔은 북두칠성이 다시 보고 싶을 때도 있고, 한국의 부모님과 가족들, 오랜 별친구들을 자주 만날 수 없다는 아쉬움이 있지만, 나의 선택에 후회가 남지 않도록 '계획대로' 오늘도 새로운 밤하늘을 탐험하고 있다. 하지만 외딴 해변의 관측지에 멍하니 앉아서 거친 파도 소리를 들으며 아무 생각 없이 쏟아지는 별빛을 즐기는 시간도 사랑한다.

이 책의 원고를 쓰는 몇 달 동안 회사 업무와 집안일을 마치고 자유시간이 날 때마다 내 방 책상 앞에 앉아서 글을 썼다. 열심히 배우던 비행기 조종도 잠시 미뤄두었다. 그동안 별보기에 대한 수백 편의 글을 써왔지만, 천체관측의 기쁨을 아주 쉽게 설명하기 위해서 이렇게 많은 고민을 해본 적은 없었던 것 같다. 책에 실린 수많은 사진과 그림을 기꺼이 제공하고, 책의 방향성과 디테일을 위해 경험과 지식을 아낌없이 나누어준 여러 별친구들에게 깊은 감사를 드린다. 특히 내 꿈의 영원한 지지자이자 인생의 동반자인 아내 임윤희, 영문도 모르고 시작한 해외 생활을 즐겁게 헤쳐나가고 있는 예별이, 그리고 서울과 울산의 부모님들께 제일 먼저 고마운 마음을 전하고 싶다.

이 책을 마무리하고 나면 바로 이어서 중급자용 책을 집필할 계획이다. 초보 시절에 이미 한 번씩 보고 치워놓았을 메시에 110개를 하나씩 다시 보며 기본과 깊이를 다지고, 본인의 관측을 한 단계 더 업그레이드할 수 있는 실전 가이드북을 만들려고 한다. 그렇게 되면 일반 대중을 위한 교양서인 이 책 〈별지기에게 가장 물어보고 싶은 질문 33〉부터 시작해서 기존에 출간한 본격 입문서인 〈별보기의 즐거움〉을 거쳐, 관측의 내공을 더해줄 선수용 책까지 나름 한국어로 된 안시관측 입문 3종 세트(?)가 완성되지 않을까 기대해본다. 비록 몸은 멀리 있지만, 내가 나고 자란 한국 땅에서 별을 보는 사람들이 천체관측